高寒区长距离输水渠道
低温运行安全保障技术

王正中　柯敏勇　潘佳佳　牛永红　张爱军　王羿　著

中国水利水电出版社
www.waterpub.com.cn
·北京·

内 容 提 要

我国西部寒区分布范围广,负温持续时间长,明渠正常运行时间短,停水期冻胀破坏时有发生,制约了供水保证率。本书针对高寒区长距离输水渠道低温运行冰害问题,研究提出以利用自然环境资源为主,辅以工程加盖结构、通电加热措施的低温输水渠道的保温、增温融冰技术与材料,为提高高寒区渠道供水效率,延长供水时长提供技术支撑。研究内容包括渠道结冰盖运行期调度关键技术、轻质高强耐久人工加盖技术、碎石桩地热蓄集与利用技术、光热蓄集利用融冰抗冻胀技术以及衬砌电热融冰技术等保温辅热技术研发与现场效果示范,旨在将目前前瞻性技术与传统输水渠道结合,最大限度利用自然界中的冰、雪、光、地热或人工热源,探索保障高寒区输水渠道低温期安全输水的技术措施,缓解西部寒区低温期供水压力。

本书适用于从事寒区输水工程和寒区水利工程技术人员研究参考所用,也适用于从事水工岩土工程和水工材料工程专业的研究生学习拓展材料。

本书配有丰富的彩色图片,扫描书中每章后面的二维码,可在移动客户端观看。

图书在版编目(CIP)数据

高寒区长距离输水渠道低温运行安全保障技术 / 王正中等著. -- 北京:中国水利水电出版社,2021.12
ISBN 978-7-5226-0341-4

Ⅰ. ①高… Ⅱ. ①王… Ⅲ. ①寒冷地区-长距离-低温-输水-渠道-安全运输-研究-中国 Ⅳ. ①TV672

中国版本图书馆CIP数据核字(2021)第277853号

书 名	**高寒区长距离输水渠道低温运行安全保障技术** GAOHANQU CHANGJULI SHUSHUI QUDAO DIWEN YUNXING ANQUAN BAOZHANG JISHU
作 者	王正中 柯敏勇 潘佳佳 牛永红 张爱军 王 羿 著
出版发行	中国水利水电出版社 (北京市海淀区玉渊潭南路1号D座 100038) 网址:www.waterpub.com.cn E-mail:sales@mwr.gov.cn 电话:(010)68545888(营销中心)
经 售	北京科水图书销售有限公司 电话:(010)68545874、63202643 全国各地新华书店和相关出版物销售网点
排 版	中国水利水电出版社微机排版中心
印 刷	天津嘉恒印务有限公司
规 格	184mm×260mm 16开本 8印张 195千字
版 次	2021年12月第1版 2021年12月第1次印刷
定 价	**58.00元**

前　言

随着我国西部大开发战略和"一带一路"倡议的实施，未来我国西部地区人口、经济和社会将得到极大发展，而对水资源的需求将显著提高。开放式明渠供水方式具有流量大、重力自流和施工难度小的优点，非常适用于西部大规模引调水工程和灌区工程的输水形式，在我国西部得到了广泛应用。然而，我国西部广大地区属于寒区，负温持续时间长，明渠供水工程常温正常运行时间短已成为制约供水保证率的一大因素。为此开展的输水渠道低温期运行安全保障技术将极大缓解西部寒区低温期供水压力。本书从最大限度利用自然因素中的冰、雪、风、光、地热来对渠水进行保温或者热源辅热出发，对低温供水保障技术进行研发。

首先，通过调度手段，使运行渠道表面结成稳定保温冰盖，实现大范围内水体在冰盖保温层下正常运行并消除冰塞冰坝的影响。虽然此技术在南水北调东线工程中已有应用，但是由于东线负温持续时间短、气温较高且调控节点多，常规调度手段易引发冰塞冰坝等冰凌灾害。本书所研究的高寒区长距离输水渠道低温运行安全保障技术针对气温骤降导致结冰盖这一关键节点，使其有望解决极寒、环境骤变和长距离范围无人值守条件的冰盖下运行所产生的冰凌灾害，开发出的调度程序更加迅速、智能化，应用范围更加广泛，将有望提高高寒地区输水渠道的输水时长，增加供水保证率。

其次，针对调控历时长、冰盖形成慢等不足，以渠道加盖保温的工程措施作为辅助方案，采用理论分析、有限元模型仿真、结构试验相结合的研究手段，从结构安全、综合保温、自身重量和成本低等方面对保温盖结构和材料进行优化。研发高强、高效轻质材料及其用于渠道盖板结构的适用性，研究斜拉结构加固冰盖组合体系及其保温效果，分析结构静动力与热力学特性、积雪保温自动翻转等性能并进行优化，形成冬季输水渠道刚性加盖保温结构与优化设计方法。

第三，在利用太阳光热、地热融冰方面，由于国内输水工程中尚未有相关应用，为此本书作为探索性的技术储备，研究从水面、建筑物表面直到渠基土内部各个维度的太阳光热收集储存技术，最大限度地利用当地太阳辐射。扩展太阳光热利用在渠道低温输水方面的应用方向，为将来节能环保的新型渠道建设和改造提供技术支撑。利用渠道土温分布不均匀形成的温度梯度，研究地热提取的碎石桩技术，将有望解决地表温度昼夜变幅大，冻结冻胀严重和渠道衬砌表面覆冰问题。利用该技术建设的未来渠道与地层太阳光热储存技术结合，实现对热量的有计划蓄集和释放，使渠道具有温度自调节功能，有效减缓冻胀破坏和冰凌灾害。

最后，对于突发降温条件或渠道需要重点融冰的关键部位，利用交感电流集肤发热效应，开发渠道衬砌表面电加热融冰装置，研究装置安装方式、线路布置和热效率最优组合，实现关键部位的短时间快速融冰目的。

本书依托"十三五"国家重点研发计划水资源高效开发利用重点专项的"高寒区长距离供水工程能力提升与安全保障技术"项目支撑，在历经 3 年研究和现场实践形成系列成果的基础上整理而成。第 1 章主要由王正中、潘佳佳负责撰写，第 2 章由柯敏勇负责撰写，第 3 章由王正中、牛永红、王羿负责撰写，第 4 章由王正中、王羿负责撰写，第 5 章由张爱军负责撰写。在此对参与撰写工作的专家致以诚挚感谢。由于时间仓促，书中不足和错漏之处，恳请各位读者批评指正。

编者

2021 年 11 月

目　　录

第1章 长距离输水渠道
冰盖下安全输水技术

1.1 工程背景、需求及研究内容

1.1.1 工程背景、需求

本书依托北疆供水工程总干渠段，开展低温输水期结冰盖运行调度技术研究。该工程是北疆高寒区供水系统的重要组成部分。工程一期项目主要是由总干渠和南干渠从"635"水库向"500"水库供水，渠道总长为136.34km，底坡为1/12500～1/10000。渠道主要为梯形断面，横断面底宽为4m，边坡为1：1.5～1：2。供水工程渠道包含两个隧洞，渠道正常设计流量为50～60m³/s，相应正常水深为4.087～4.432m。

根据现场技术资料：①北疆供水工程引水渠明渠段基本水力要素信息表；②供水渠道隧洞信息；③供水渠道冬季运行调研资料；④典型年气温资料等，开展冬季输水冰情数值模拟研究，为有冰运行期渠道输水安全调度提供数学模型，据此开发相应的调度程序。

1.1.2 研究内容

1. 河渠冰塞机理及冰期输水过程数学模型的建立

针对北疆供水工程输水明渠，建立并开发北疆供水工程明渠冰期输水数学模型，包括明渠非恒定流模型、水流的热扩散模型、冰花扩散模型、冰盖下的水流输冰能力模型、水面浮冰的输运模型、冰盖和冰块厚度发展模型、冰塞下冰花含量和冰塞厚度模型等。

模型具有模拟寒冷气温条件下初冰、岸冰及冰盖乃至冰塞、冰坝的形成、发展过程的功能，可以模拟复杂冰情下的输水过程。

2. 冰期输水数学模型的率定和验证

以北疆供水工程原型观测资料或其他同纬度类似河流的结冰过程、冰盖、解冻、冰下径流的观测资料为依据，对数学模型进行率定和验证。包括如下内容：

(1) 冰情发展数学模型典型参数的率定，如冰盖形成、冰盖输水过程中冰盖糙率公式、取值、率定，热交换系数取值、率定，首段面边界水温过程等。

(2) 干渠冰盖形成期水力控制条件（如临界Fr数、临界流速）判定标准。

(3) 数学模型中相关参数不确定性分析，重点研究冰期冰盖糙率、大气与冰盖的热交换系数、取水水温等的不确定性对冰期冰盖形成、发展、消融和水位、流量等要素的影响。

3. 冬季输水冰情数值模拟

搭建计算平台，结合工程，根据拟定的具体工况，数值模拟计算内容和研究内容如下：

（1）建立长距离调水工程冰工程数学模型。建立长距离调水工程冰工程模拟的数学模型，模拟不同工况下渠道初冰、冰盖形成发展过程。

（2）研究冰盖发展模式对冰盖下输水的影响。通过控制沿程典型断面 Fr 数和流速，研究冰盖发展不同模式（平铺上溯模式、水力加厚模式和力学加厚模式）的形成条件，及不同发展模式对冰盖下输水的影响。

（3）提出典型工况下冰期运行调度的水力控制条件。提出典型工况和典型河段冰期运行调度的水力控制条件，给出确保形成稳定冰盖和实现冰盖下输水的运行模式及控制方法。

4. 优化调度方案及防冰害措施研究

调查类似工程冰害情况及其他地区水利工程冰害典型事例；根据数模计算成果，分析北疆供水工程中水力参数变化规律，研究明渠、隧洞等不同部位及建筑物出现冰情灾害的可能性，如流凌、冰塞，水位壅高、堤岸漫溢、渠道衬砌受冻害等冰害；针对明渠河道、冰封输水等调查分析防冰害措施，研究给出控制水流条件、设潜水泵等可能的适宜各项工程的防冰害措施。重点包括以下内容：

（1）西北高寒区长距离冬季输水安全问题。

（2）如何延长冬季输水时间。

1.2　国内外研究现状

高寒区渠道在冬季的运行方式主要有结冰盖输水和无冰盖输水两类。冰盖下输水是高寒区冰期渠道工程的最为常见的输水方式，即在水面形成稳定冰盖，使水体与大气隔离，由于冰盖的隔热作用，冰盖下水体不再生成水内冰，水体输运在冰盖下完成。冰盖输水应用很广，北美和北欧河流，俄罗斯几大运河，我国的南水北调、京密引水、引黄济青、引黄济津等工程在冬季均采用冰盖下输水方式。韩延成等推导梯形断面冰盖下输水时正常水深和流量关系，提出正常水深的简易显式迭代算法，为冰盖下输水渠道正常水深计算提供便捷的算法。

目前，国内外对于河流内冰的生消演变研究较多，国内外的学者们利用数值模拟、实验室试验和原型试验探寻河冰的演变规律。对于水内冰的研究最早是从 Omstedt 和 Svensson 提出的数学模型对海洋表层水体水内冰的模拟开始的。后来 Nyberg、Hammer、Shen 等在其数学公式和模型基础上发展到二维水内冰模型，Hamme 和 Shen 还通过水槽试验对数学模型进行初步验证。Shen 在河冰研究领域做了大量工作，他构建河冰研究的框架，概括说明河冰增长和消融的过程，指出的演变过程主要包括三个阶段，即封河期、封冻期、开河期。Shen 提出冰盖生长的动态表达式，可以模拟表面冰输移受阻形成冰塞及冰坝的演变过程。Huang 等通过二维的河冰模型模拟河道岸冰及冰盖的形成及发展过程，并采用美国圣劳伦斯河河上的观测数据进行验证。冰盖形成后，经典的度-日方法能准确计算水体、冰盖、大气之间的能量交换，预测冰盖的热力增长和开河日期。关于冰盖的形式和河冰过程的讨论，Turcotte 将冰盖形式分为 6 种和 5 种河冰过程。进入开河期，气温升高，冰盖开始融化。Brayall 应用 River 2 - D 模型分析 Hay River 三角洲处卡冰后不同来流条件下上游河道水位的变化。而冰盖的形成会影响河道的综合糙率和水流流速分布，Li 应用四种不同的方法，通过对大量实测数据分析，指出冰盖形成后河道的综合糙率为 0.013~0.04，而且其值在整个冬季的变化可达到 7 倍左右。Kolerski 应用耦合的水动力学和冰动力学模型研究沿海湖泊的拦冰栅对表面冰运动的阻挡作用，并分析拦冰栅的受力情况。

国内对河冰的研究起步较晚，早期茅泽育等较为系统地总结了河冰生消演变及其运动规律，对河道中冰的形成、发展、输移、堆积、消融等现象的机理做了详细的描述；张成等综述了 21 世纪初国内外学者对河冰的研究，通过原型试验、试验研究和数值模拟三种研究方法，总结了河冰对寒冷区域冬季输水的影响。

数值模拟相对于实验室试验和原型试验投入少，节约人力物力，被学者们广泛应用于河冰演变及冰期输水运行控制的研究。茅泽育等总结描述河冰动态发展过程的数学模型；王军团队对冰塞堆积的研究做了大量工作，综述河冰冰塞的数值模拟研究，总结国内外学者描述河冰演变的一维、二维模型；王晓玲等建立三维非稳态 Euler - Euler 两相流 k-ε 湍流模型，以新疆的某水电站为例，模拟分析气温变化条件下流速、水温、冰温及体积分数的沿程分布。随着研究的推进，复杂边界和冰塞面的不规则给数值模拟带来了很大的困难，因此贴体坐标被学者应用于河冰研究的数值模拟，王军应用三维贴体坐标变换解决冰塞形状不规则给数值模拟研究带来的困难；茅泽育等针对一维河冰模型仅适合顺直河渠的问题，建立了基于适体坐标系的二维河冰数值模型，并应用于黄河曲段，应用实测资料进行了验证。另外数值模拟也被运用于冰期输水运行控制的研究。穆祥鹏等构建一维渠道冰水力学数学模型，研究渠道流冰输移和发展规律，提出引水渠道以冰水二相流输水方式的安全运行措施；高艳宾建立输水渠道冰期仿真模型，以南水北调中线工程为研究对象，分析工程参数和冰盖糙率对渠道输水能力的影响；樊霖等建立伊丹河的河冰数值模型，并应用 1958—1988 年的水文、气象资料对该输水河段进行数值模拟及分析，分析了伊丹河进行冰盖下输水的可行性；张瑞春等开发大型长距离调水工程冬季输水冰情数值模拟平台，模拟在寒冷气温条件下南水北调中线工程总干渠初冰、冰盖形成、发展和消融过程，给出安全运行输水调度方案及建议。

渠道内冰盖的形成主要分为两种形式：一种是在流速较为缓慢的区域，渠道内由于降温形成的冰晶逐步在渠道边坡行水位位置形成岸冰，并横向发展逐步形成冰盖，称为静力冰盖；另一种是在流速较大、水流紊动强度较大的区域，渠道水流中的冰晶在随着水流向下流流动的过程中遇到障碍物或弯道、渠道束窄等情况时，冰晶将逐步累积形成冰盖或冰塞和冰坝，并逐步向上游发展，称为动力冰盖。

对于静力冰盖，其岸冰的形成遵循式（1.1）。当断面的平均流速 v 小于水面浮冰黏附到岸边上的最大允许流速 v_0 时，就开始形成初生岸冰。

$$v_0 = \frac{\sum S}{1130(-1.1-T_w)} - \frac{15v_f}{1130} \tag{1.1}$$

式中：v_0 为水面浮冰黏附到岸边上的最大允许流速，m/s；$\sum S$ 为单位时间单位水面的热损失量，$MJ/(m^2 \cdot d)$；T_w 为断面平均水温，℃；v_f 为风速，m/s。

从式（1.1）可以看出，如果在水体中提供一个热源，单位水面的热损失量 $\sum S$ 就会减小，水面浮冰黏附到岸边上的最大允许流速 v_0 也会减小，当渠道流速较小也可以满足冬季输水的要求，从而提高渠道的冬季输水效率。

而对于动力冰盖，冰盖的形成主要是由于冰晶遇到障碍物堆积而形成的，此时对存在障碍物的关键位置进行加热处理，可以使渠水中的冰晶融解，保证渠道正常输水。

在渠道边坡行水位、弯道、渠道束窄处等关键位置铺设电加热装置，可以延缓或阻止渠道冰盖的形成，使渠道冬季无冰或冰水二相混合输水，满足渠道冬季输水的需求。

1.3　高寒区长距离输水渠道冰情数学模型

高寒区渠道低温期输水，由于水情、冰情随气温变化而复杂多变。而冰盖形成和稳定需要的流量和流速要求较为严格，一旦调控不当，极易发生冰塞、冰坝及冰凌灾害。不同于南水北调工程，北疆高寒区大面积无人区内调控闸门少，甚至无闸门，为调控带来了更大的挑战。为此，需要依据气温、输水渠道水流特性预测行水期水温、流速、冰凌密度和冰盖厚度进行预测，从渠首位置采取相应调度措施。

本书将目前冰情发展模型与复杂内边界条件耦合求解，利用前期揭示的冰期输水冰盖生消演变过程和糙率变化规律，开发初冰、冰盖形成、发展和消融的水动力学仿真模型。模型由考虑冰盖糙率变化的一维非恒定流方程、冰情发展方程及热传导方程组成。

非恒定流方程为

$$S_f = Q^2 n_b^2 \left[(1-\lambda)\frac{P_u^{4/3}}{A_u^{10/3}} + \lambda(1+Fr)^{4/3}\frac{P_d^{4/3}}{A_d^{10/3}} \right] \tag{1.2}$$

非恒定流方程给出了渠道水流能量坡度 S_f 与流量 Q、冰封系数 λ、糙率 n_b、弗劳德数 Fr、压力水头 P 和过流面积 A 之间的关系，是水情、冰情预测的主方程。

冰情发展方程包括冰花扩散方程、浮冰输运方程、冰盖厚度发展方程。

冰花扩散方程为

$$\frac{\partial C_i}{\partial t} + V\frac{\partial C_i}{\partial x} = \frac{\partial}{\partial x}\left(E_i\frac{\partial C_i}{\partial x}\right) + \frac{M_s - M_f + M_{wi}}{\rho_i A \Delta x} \tag{1.3}$$

浮冰输运方程为

$$\frac{\partial}{\partial x}\{\rho_i[h_i + (1-e_f)h_f]BC_aV\}\Delta x = -\frac{\partial}{\partial t}\{\rho_i[h_i + (1-e_f)h_f]BC_a\Delta x\} + M_f + M_{sw}$$
$$\tag{1.4}$$

冰盖厚度发展方程为

$$c_e \rho_i L_i \frac{\mathrm{d}h_i}{\mathrm{d}t} = h_{ai}(T_s - t_a) + h_{wi}(T_m - T_w) \tag{1.5}$$

$$\frac{\mathrm{d}h_f}{\mathrm{d}t} = \frac{\theta \omega_b C_i - \omega_s}{1 - e_f} - \frac{\mathrm{d}h_i}{\mathrm{d}t} \tag{1.6}$$

$$V_{cp} = \frac{Q_s - Q_u}{B h_0 (1 - e_p)(1 - e) - (Q_s - Q_u)/V} \tag{1.7}$$

冰情发展方程描述了冰凌密度 C_i，浮冰厚度 h_f，冰盖厚度增长率 V_{cp} 与温度 T，流速 V 间的关系，用于预测低温输水期冰花产生、累积成冰盘直至冰盖的热力过程。

描述水体热量散失及结冰相变的热传导方程为

$$\rho C_p \frac{\partial T}{\partial t} = \frac{\partial}{\partial x}\left(-\lambda_{eq}\frac{\partial T}{\partial x}\right) + L_f \rho_i \frac{\mathrm{d}\theta_i}{\mathrm{d}t} \tag{1.8}$$

应用方程对渠道水情冰情进行预测时，先根据节制闸、倒虹吸、泵站等建筑物布局，将长距离渠段分成长度不等的渠段，进行单段渠道的计算。单段渠道间考虑其连接处渠系建筑物的类型，根据内边界、流量相等的原则进行耦合，形成整个渠道的冰期水情预测。

1.4　冰情发展数学模型计算流程

由水变冰的过程实际上是一个相变的过程，涉及物理和力学性质的改变，且在冰情发展过程中水温、冰花浓度、坚冰层厚度、表面冰封率、冰盖发展、水位、流量等参数在冰情发展的全过程中相互影响，因此冰情发展数学模型非常复杂。

冬季气温降低，水体不断失热，产生冰花，冰花冻结成为坚实的冰块，此时发生流冰。流冰在渠道中遇到障碍物时，就会在这些障碍物前堆积起来形成冰盖，并向上游发展。当渠道沿线有大量的节制闸、倒虹吸、渡槽等水工建筑物时，这些水工建筑物将整个渠道分成长度不等的单渠段，当冬季气温降低时，这些被水工建筑物分割成的单渠段有可能同时或者先后发生上述的冰情现象。整个渠道的冬季冰情过程实际上就是每个单渠段冰情过程的集合。下面分析一下单渠段冰情计算过程。

北疆供水工程引水河道单渠段的冰情发展计算流程如图 1.1 所示。由于冰盖的存在会改变渠道的水力半径，增大综合糙率，同时流动冰块和冰盖的发展过程数学模型略有不同，因此将渠段分为流冰河段和冰封河段分别计算，在冰情计算中考虑流动冰块和冰盖的坚冰层、冰花层的二层输移和发展过程。在流冰河段综合糙率为渠道糙率，湿周为敞流时的渠道湿周；冰封河段渠道综合糙率是一个随时间不断变化的值，冰盖初始糙率较大，然后随时间的增加逐渐变小，而湿周也增加上水面宽。在冰情计算中的主循环为时间循环，每经过一个时间步均需对首断面至最后一个断面进行扫描，首先判断流冰河段和冰封河段，分别调用不同的参数计算冰情，再根据上游来冰量计算冰盖前缘的发展速度和位置，如此循环往复。在封河期，冰盖前缘不断向前发展，渠道糙率不断变化，冰封河段逐渐增加，水位不断壅高，直到达到平衡。

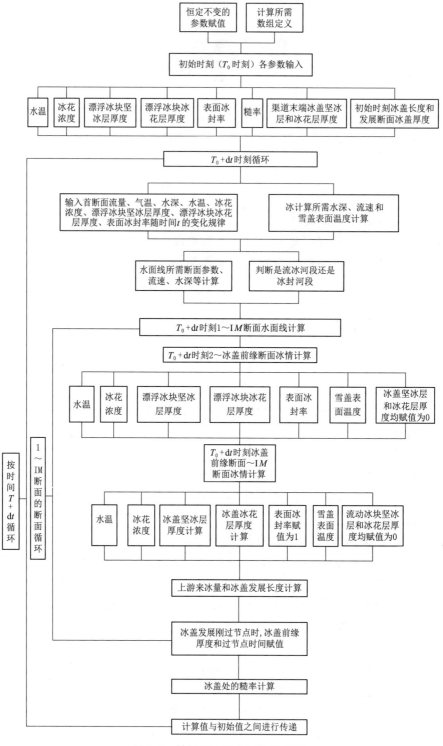

图 1.1　单渠段冰情发展计算流程

1.5 冰情仿真系统的开发

北疆高寒区长距离输水渠道复杂，根据白山嘴和 BTMY 隧洞将渠道分为三段，为了便于仿真系统程序的读写及后续开发数据库，需开发建立一个串联、统一的渠系建筑物水力要素表。借鉴南水北调中线工程冬季输水模型平台开发的经验，将基本资料核实、输入 Excel 形成便于读写的表格，其中记录的字段包括形式（渠道、渐变段、倒虹吸、节制闸、分水口等）、起止桩号、长度、底宽、边坡、起止底高程、糙率等，形成该表后便于统一记录查询和修改。由于建筑物之间长度不一，因此各个流段应变步长划分，每个内边界视为一个小流段，流段前后设置控制断面，控制断面与上、下游渠道连接。要编制水流数学模型中读取数据模块，在程序实现自动分段、记录典型断面号、记录渠道-建筑物之间的交接点等功能。其主要目的是增强程序通用性，在改动初始文件数据时程序能够自动调整，自动记录。

以正常流量输水为例说明系统开发中的流段划分、渠道形式标记、大渠段划分过程。正常流量输水整个模拟线路的相关指标为总长 136.34km，划分大渠段为 3 段，2 个隧洞。这些关键控制点及渠型由相应的数组存储。

关于流段划分以及记录断面交接号举例说明。系统程序中的单一距离步长取 200m 左右，过水建筑物前后或流段不足 200m 的以实际长度计。如起点上游渠道 1 长度为 800m，则可自动划分为 4 段，单一距离步长为 200m，因上游起点控制断面为 0，则该渠道的断面数为 4，相应断面号为 0~5，该断面的交接号为 5。渠道 1 后峰山口闸，闸前后断面号为 5~6，与下游渠道的交接号为 6，以后以此类推。

关于渠道形式标记：0 为渠道，1 为节制闸，2 为分水口，3 为倒虹吸，4 为渐变段，5 为节制闸，6、7 初定为上、下游边界条件。在每行读取数据时，以形式标记为记号，如果形式为 1，则记录下该形式所在断面，一般为该段的交接号，同时该形式的个数加 1，然后存储在一个形式数组中，m1 [0] = 5，其中 m1 为节制闸数组。其他渠道形式类似处理。

1.6 冰情仿真系统的验证

为了验证冰情仿真系统的正确性，对比分析热扩散方程的数值解与解析解，以及沈洪道的单渠段冰情计算算例和某典型渠段冰情计算等实例进行验证模拟和分析。

1.6.1 水温模块的验证

对于充分混合的河流，其水温及沿水深平均的冰花密度沿程的变化可用一维扩散方程式来描述。

$$\frac{\partial}{\partial t}\left(\rho C_{p} A T_{w}\right)+\frac{\partial}{\partial x}\left(Q_{p} \rho C_{p} T_{w}\right)=\frac{\partial}{\partial t}\left(A E_{x} \rho C_{p} \frac{\partial T_{w}}{\partial x}\right)-B \varphi_{T} \qquad (1.9)$$

式 (1.9) 的求解需要两个边界条件和一个初始条件，在河道内温度沿河长变化不大时，扩散项 $\frac{\partial}{\partial t}\left(A E_{x} \rho C_{p} \frac{\partial T_{w}}{\partial x}\right)$ 可以忽略，方程的求解就要简单得多，如果水流是单一流向，则只需上游端边界条件。

$$W_t(0,t) = T_1(t) \tag{1.10}$$

式中：$T_1(t)$ 为河道上游端水温随时间的变化过程，若初始条件 $T_w(x,0)$ 未知，则可用稳定状态解作为初始条件。

设 A、B、u、T_a 为常数，忽略扩散项 $\dfrac{\partial}{\partial t}\left(AE_x\rho C_p \dfrac{\partial T_w}{\partial x}\right)$ 和非稳定项 $\dfrac{\partial}{\partial t}(\rho C_p A T_w)$，则

$$\frac{\partial}{\partial t}(\rho C_p A T_w) + V\frac{\partial}{\partial x}(A\rho C_p T_w) = \frac{\partial}{\partial t}\left(AE_x\rho C_p \frac{\partial T_w}{\partial x}\right) - B\varphi_T \tag{1.11}$$

$$V\frac{\partial}{\partial x}(A\rho C_p T_w) = -B\varphi_T \tag{1.12}$$

$$(VA\rho C_p)\frac{\partial}{\partial x}T_w = -Bh_{wa}(T_w - T_a) \tag{1.13}$$

$$\frac{\partial}{\partial x}T_w + \frac{Bh_{wa}}{VA\rho C_p}T_w = \frac{Bh_{wa}}{VA\rho C_p}T_a \tag{1.14}$$

此非齐次线性方程的通解为

$$y = Ce^{-\int P(x)dx} + e^{-\int P(x)dx}\int Q(x)e^{\int P(x)dx}dx \tag{1.15}$$

其中 $P(x) = \dfrac{Bh_{wa}}{VA\rho C_p}$ $\quad$ $Q(x) = \dfrac{Bh_{wa}}{VA\rho C_p}T_a$

解得

$$T_w = Ce^{-\int \frac{Bh_{wa}}{VA\rho C_p}dx} + e^{-\int \frac{Bh_{wa}}{VA\rho C_p}dx}\int \frac{Bh_{wa}T_a}{VA\rho C_p}e^{\int \frac{Bh_{wa}}{VA\rho C_p}dx}dx$$

$$= Ce^{-\frac{Bh_{wa}}{VA\rho C_p}x} + T_a \tag{1.16}$$

令初始时刻 $x=0$ 时的水温为 T_0，则

$$C = T_0 - T_a \tag{1.17}$$

于是得到解析解

$$T_w = (T_0 - T_a)\exp(-Kx) + T_a \tag{1.18}$$

$K = \dfrac{Bh_{wa}}{\rho C_p uA}$，$T_0$ 是上边界 $x=0$ 时的温度。

假设有一段理想渠道，渠道长度为 10km，宽度为 2km，渠道断面面积为 10000m²，首断面进口水温为 4℃，外部气温为 1℃，流速为 0.1m/s，糙率 n、渠道坡度、边坡均取为 0。采用特征线法计算时，时间 dt 取为 20s，距离步长 ds 取为 100m，其他输入参数与解析解相同，则数值计算结果与解析解计算结果对比如图 1.2 所示。

由图 1.2 可见，理想情况下的渠道沿程水温变化的数值计算结果与解析公式的计算结果非常吻合，验证了水温计算模型的正确性。

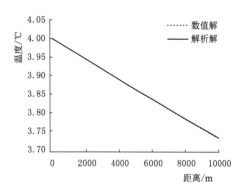

图 1.2 渠道沿程水温数值解与解析解对比

1.6.2 冰情发展模型的验证

为了检验冰情发展过程模型，采用 Lal and Shen（1993）的算例，计算了一段 20km 渠道中的整个冰情过程，并与 Lal and Shen（1993）的计算结果进行对比分析。算例中渠道各参数的取值见表 1.1。

表 1.1 均匀流河道模型计算关键参数

项 目	参 数	项 目	参 数
气温 T_a	$-20.0℃$	过流面积 A	$500.0m^2$
上浮速度 V_b	0.001m/s	河段长	20.0km
宽度 B_0	100.0m	初生坚冰层厚度（h_i）	0.005m
冰花孔隙率 e_f	0.5	平均水流速度 V	0.5m/s

算例中的渠道宽 100.0m，长 20.0km，流量为 250.0m³/s，水流为均匀流，渠道中无障碍物，外界气温保持 $-20℃$，初始时刻各断面冰块冰花层厚度 h_f，表面冰封率 C_a 和冰花浓度 C_i 均为 0，流动冰块的坚冰层厚度 h_i 采用 Lal and Shen（1993）提出的下述公式计算（该式忽略了坚冰层底部与接触水体的热交换）。

$$\frac{Dh_i}{Dt} = \frac{\alpha + \beta(T_m - T_a)}{c_e \rho_i L \left(1 + \frac{\beta h_i}{K_i}\right)} \tag{1.19}$$

式中：α、β 为固定的系数；h_i 为流动冰块坚冰层的厚度，m；$T_m = 0℃$ 为冰点温度；T_a 为外界气温，℃；$K_i = 2.24W/（m \cdot ℃）$ 为冰的热传导系数；$L = 334840.0J/kg$ 为冰融化的潜热；ρ_i 为冰的密度，g/cm³。

本书模型程序与 Lal and Shen（1993）的计算结果如图 1.3～图 1.5 所示。

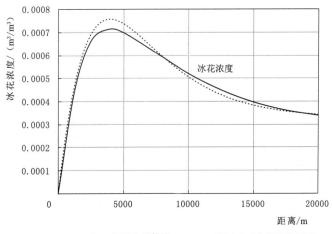

图 1.3 渠道冰花浓度沿程变化

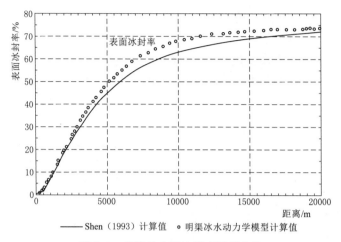

图 1.4　渠道的表面冰封率沿程变化

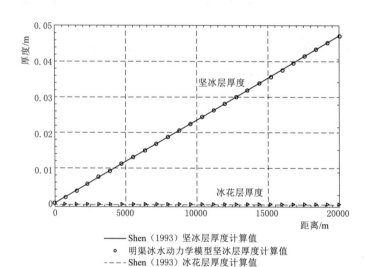

图 1.5　渠道流动冰块的坚冰层厚度和
冰花层厚度沿程变化

由于外界气温远远低于首断面出口水温，因此随着水体和大气的热交换，水温沿程逐渐降低。水温降至 0℃以下时，便会产生水内冰冰花，继而产生表面流冰。随着表面流冰面积的增加，渠道的表面冰封率逐渐增大，使得敞露水面的面积减少，降低了水体与大气的热交换，因此渠道的水内冰冰花浓度沿程先升高后降低（图 1.3）。由于冰花浓度降低，冰花上浮至水面形成流冰的量也在减小，因此渠道表面冰封率的增大过程沿程逐渐变缓（图 1.4）。在渠道的整个冰情过程中，冰块的坚冰层与大气热交换始终在进行，因此冰块坚冰层的厚度沿程逐渐增大，而冰块的冰花层厚度由于受到冰块坚冰层的热增长影响，使其沿程均为 0（图 1.5）。

本书模型程序计算出的冰花浓度、表面冰封率、冰块坚冰层厚度和冰块冰花层厚度等的计算结果均与 Lal and Shen（1993）的计算结果吻合，验证了冰情模型的正确性。

1.7 应用实例——北疆供水工程冬季输水冰情模拟

本节主要目的是采用上述一维河冰数学模型，研究典型年气温过程下北疆高寒区长距离输水渠道冬季安全输水流量及冰情过程。

计算主要内容包括：统计并分析顶山、富蕴、福海和阿勒泰气象站冬季典型年气温过程，确定平冬年和冷冬年的气温变化幅度；针对不同气温下的上游引水温度，确定不发生冰塞或冰坝的安全引水流量；分析其他流量下引水渠道中的流凌运动、冰盖形成及冰盖发展过程，分析冰盖前沿发展速度和冰盖厚度的变化过程；分析河冰形成、运动及堆积对输水安全可能造成的影响，推荐避免或减轻冰情灾害的合理输水方案。

1.7.1 北疆供水工程常温输水过程模拟

依据北疆供水工程实际工况，模型采用均匀梯形断面河道，具体计算区域如图 1.6 所示。河道底坡为 $1/12500 \sim 1/10000$，计算区域为 $0 \sim 136.34\text{km}$。图 1.7 给出了典型的断面形态，横断面底宽 4m，边坡为 $1:1.5 \sim 1:2$。引水渠道中共有两个隧洞，由此将计算区域分为 3 个不同区间，具体区间划分见表 1.2。引水渠道正常设计流量为 $50 \sim 60\text{m}^3/\text{s}$，相应正常水深为 $4.087 \sim 4.432\text{m}$。

引水渠道大部分河床为人工渠道，岸坡植被较少，杂草覆盖面积有限，河道河床糙率暂取为 0.017。图 1.8 显示了正常设计流量 $60\text{m}^3/\text{s}$条件下计算区域地形、水位及水温分布。在正常流量下，断面平均流速为 1.05m/s，河渠平均弗劳德数为 0.207，具体如图 1.9 所示。该输水渠道地处高寒区，冬季低温时间长，受冰期影响较大。

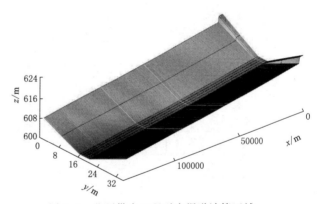

图 1.6 北疆供水工程引水渠道计算区域

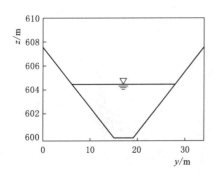
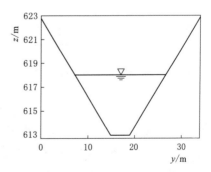

图 1.7 北疆供水工程引水渠道断面

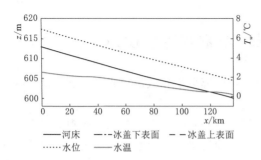

图 1.8 北疆供水工程恒定流条件下的
正常水位及温度分布
（2019 年 11 月 15 日 21：00）

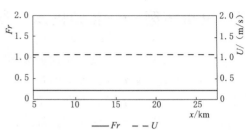

图 1.9 北疆供水工程恒定流条件下的
弗劳德数 Fr 和断面平均流速分布
（2019 年 11 月 15 日）

表 1.2　　　　　　　　　　北疆供水工程引水渠道水力设计参数

桩　号	水深/m	底宽/m	边坡	纵坡	糙率	设计流量/(m³/s)	流速/(m/s)	面积/m²	湿周/m	原渠深/m
0+000～2+750	6.53	4	1.5	10000	0.017	120	1.32	90.08	27.54	6.2
2+750～7+333	5.99	4	2	10000	0.017	120	1.25	95.75	30.79	5.4
白山嘴隧洞										
9+125～57+949	6.28	4	2	12500	0.017	120	1.15	104.1	32.1	5.6
BTMY 隧洞										
60+902～65+974	5.99	4	2	10000	0.017	120	1.25	95.75	30.79	5.4
65+974～93+656	6.17	4	2	11500	0.017	120	1.19	100.9	31.6	5.5
93+656～123+557	6.17	4	2	11500	0.017	120	1.19	100.9	31.6	5.5
123+557～124+707	5.99	4	2	10000	0.017	120	1.25	95.75	30.79	5.4
124+707～133+646.4	5.99	4	2	10000	0.017	120	1.25	95.75	30.79	5.4

1.7.2　冬季典型年气温过程

根据中国气象网和中国气象科学数据共享服务网（http：//ydyl. cma. cn/web）太原气象站的气温数据，统计分析了阿勒泰、福海和富蕴气象站逐月气温分布，进行暖冬年、平冬年和冷冬年的划分。划分依据是：根据统计气温资料计算每年 10 月 1 日至来年 5 月 1 日的日均气温累计值，最高的为暖冬年，中间值为平冬年，最低的为冷冬年。其中，平冬年平均气温为 4.3～5℃，最低气温为 −18～−15℃；冷冬年平均气温为 −1～−2.6℃，最低气温为 −20～−25℃。图 1.10 显示了平冬年和冷冬年三个不同气象站的气温分布。该图也显示从阿勒泰到富蕴的气温逐渐变低。

基于以上逐月统计的多年平均气温资料，本书分别选取平冬年和冷冬年的气温分布作为计算区域的整体气温边界条件，尤其是冷冬年，因气温更低，引起的冰凌问题对工程运行更为不利。需要指出，图 1.10 没有考虑日气温当天的波动情况，如需考虑北疆供水工程具体断面详细的气温、水温和冰情过程，需有相关水文和气温测站支撑，并作具体观测或数值分析。

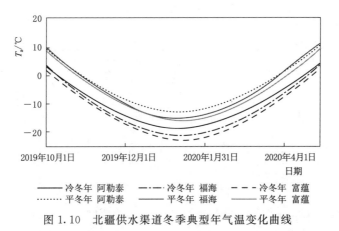

图 1.10 北疆供水渠道冬季典型年气温变化曲线

1.7.3 计算工况及边界条件设置

表 1.3 是富蕴、福海和阿勒泰三个不同气象站的多年平均气温资料。该统计资料表明北疆供水工程在 10 月至来年 3 月均可能遭受冰情，其中 1 月最低的温度达 −24.7℃。结合 1.7.2 节中平冬年和冷冬年的气温变化过程，设计了平冬年五种上游引水温度分别为：2.5℃、2℃、1.5℃、1.0℃ 和 0.5℃，冷冬年五种上游引水温度分别为：2.5℃、2℃、1.5℃、1.0℃ 和 0.5℃，典型年下的更不利的上游引水温度，具体水温变化过程如图 1.11 所示。

表 1.3 北疆供水工程沿程不同气象站资料 单位：℃

月份	富 蕴			福 海			阿勒泰		
	最低	最高	平均	最低	最高	平均	最低	最高	平均
1	−24.7	−11	−17.85	−23.5	−12.8	−18.15	−20.4	−9.1	−14.75
2	−22.1	−6.8	−14.45	−20.8	−9	−14.9	−18.1	−6.1	−12.1
3	−11.4	2.1	−4.65	−10.2	2.1	−4.05	−9.8	1.4	−4.2
4	1.2	15	8.1	1.6	16.2	8.9	2.2	14.1	8.15
5	7.9	22.7	15.3	9.5	23.7	16.6	9.1	21.9	15.5
6	13.3	28.1	20.7	15.1	28.5	21.8	13.3	26.6	19.95
7	15.7	30	22.85	16.8	29.9	23.35	15	28.2	21.6
8	13.4	28.6	21	14.1	28.4	21.25	13.3	26.9	20.1
9	7.1	22.5	14.8	7.8	22.5	15.15	7.8	21.2	14.5
10	−0.3	13.2	6.45	0.5	13.5	7	1.3	12.4	6.85
11	−10.7	1.4	−4.65	−8.2	1.4	−3.4	−8.3	1.3	−3.5
12	−21.3	−8.9	−15.1	−18.5	−9.5	−14	−17.5	−7	−12.25
年平均	−2.65	11.41	4.38	−1.32	11.24	4.96	−1.01	10.98	4.99

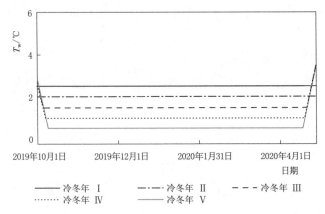

图 1.11　北疆供水渠道上游不同工况下引水温变化过程

针对平冬和冷冬两种典型代表性气温过程，本书选取图 1.11 所示的五种引水温度，考虑 30m³/s、50m³/s、60m³/s、90m³/s、120m³/s 等多种流量工况，分 50 个计算工况对北疆输水工程的冬季输水过程进行数值仿真分析，以确定渠道安全运营（表 1.4 和表 1.5）。

表 1.4　　　北疆供水工程输水渠道冰期水力控制数字渠道仿真系统计算参数

参数	取值	定义
g	9.81	重力加速度（m/s²）
h_{wa}	17	大气与水面的热交换率
L_i	334840.0	冰融化的潜热（J/kg）
T_m	0.0	冰点温度（℃）
ρ_i	917.0	冰的密度（kg/m³）
ρ	1000.0	水的密度（kg/m³）
C_p	4185.5	水的比热 [J/（kg·℃）]
k_i	2.24	冰的热传导系数 [W/（m·℃）]
e_f	0.4	冰花层的孔隙率
e	0.4	冰块的孔隙率
e_c	0.6	冰盖的孔隙率
e_p	0.4	冰块之间的孔隙率
n_b	0.015	渠底糙率
V_c	0.8	表面冰能够黏结在岸冰上的最大流速（m/s）
μ	1.28	为河岸摩擦系数
σ	95000.0	冰块冻结过程中的内应力（kg/m²）
V_{dsc}	0.9	冲刷流速（m/s）
n_i	0.02	新生成冰盖下的糙率系数
V_b	0.001	水内冰上浮速度（m/s）

表 1.5 平冬年和冷冬年不同流量、水温和气温条件下的工况设计

工 况	流量/(m³/s)	正常水深/m	气 温	水温/℃
1	30	3.242	平冬年	2.5
2	30	3.242	平冬年	2.0
3	30	3.242	平冬年	1.5
4	30	3.242	平冬年	1.0
5	30	3.242	平冬年	0.5
6	30	3.242	冷冬年	2.5
7	30	3.242	冷冬年	2.0
8	30	3.242	冷冬年	1.5
9	30	3.242	冷冬年	1.0
10	30	3.242	冷冬年	0.5
11	50	4.087	平冬年	2.5
12	50	4.087	平冬年	2.0
13	50	4.087	平冬年	1.5
14	50	4.087	平冬年	1.0
15	50	4.087	平冬年	0.5
16	50	4.087	冷冬年	2.5
17	50	4.087	冷冬年	2.0
18	50	4.087	冷冬年	1.5
19	50	4.087	冷冬年	1.0
20	50	4.087	冷冬年	0.5
21	60	4.432	平冬年	2.5
22	60	4.432	平冬年	2.0
23	60	4.432	平冬年	1.5
24	60	4.432	平冬年	1.0
25	60	4.432	平冬年	0.5
26	60	4.432	冷冬年	2.5
27	60	4.432	冷冬年	2.0
28	60	4.432	冷冬年	1.5
29	60	4.432	冷冬年	1.0
30	60	4.432	冷冬年	0.5
31	90	5.293	平冬年	2.5
32	90	5.293	平冬年	2.0
33	90	5.293	平冬年	1.5

续表

工　况	流量/(m³/s)	正常水深/m	气　温	水温/℃
34	90	5.293	平冬年	1.0
35	90	5.293	平冬年	0.5
36	90	5.293	冷冬年	2.5
37	90	5.293	冷冬年	2.0
38	90	5.293	冷冬年	1.5
39	90	5.293	冷冬年	1.0
40	90	5.293	冷冬年	0.5
41	120	5.991	平冬年	2.5
42	120	5.991	平冬年	2.0
43	120	5.991	平冬年	1.5
44	120	5.991	平冬年	1.0
45	120	5.991	平冬年	0.5
46	120	5.991	冷冬年	2.5
47	120	5.991	冷冬年	2.0
48	120	5.991	冷冬年	1.5
49	120	5.991	冷冬年	1.0
50	120	5.991	冷冬年	0.5

1.7.4　冷冬年输水数值模拟

根据冷冬年典型气温过程，忽略气温日间的波动和太阳辐射，采用一维河冰数值模型模拟了不同流量和上游引水温度下河冰分布及冰盖发展过程。图1.12显示了工况26（流量60m³/s，引水温度为2.5℃）下模拟的不同时间水温、冰盖及水位分布。结果显示10月气温和水温均较高，在11月时渠道下游开始出现冰盖。随着气温的进一步降低，冰盖持续向上游发展，冰盖上游的水位显著抬高。在3月末期，随着气温的回升，上游引水温度升高，冰盖逐渐从上游向下游消融。图1.13进一步显示无冰盖和有冰盖发展条件下的流速及弗劳德数分布。输水渠道整体纵底坡较缓，无冰条件下渠道的弗劳德数为0.2。当河冰形成时，由于冰盖阻力的影响，冰盖覆盖的河道水位较高，进而引起冰盖上游水位抬高。冰盖覆盖期间，河道流速降低为1.0m/s，整体弗劳德数变化较小，冰盖以平封的方式逐步向上游发展。因此，在不采取防护条件下，北疆输水渠道会出现显著的冰盖封河，影响供水安全。

图1.14~图1.25显示了不同工况下模拟的水温和冰盖分布，引水温度在0.5~2.5℃变化，流量从30m³/s逐渐增加120m³/s。模拟结果显示，在相同的上游引水温度下，引水流量越大，河道冰封时间越晚，无冰盖供水时间越长，冰盖消融的时间越早；在相同的引水流量条件下，上游引水温度越高，河道冰封时间越晚，冰盖发展的越慢，冰盖消融时间越早，相应无冰盖供水时间越长。这主要是因为引水流量越大、引水温度越高，水体的

热容量越大，相应冬季结冰的时间越晚，封盖的距离越短。

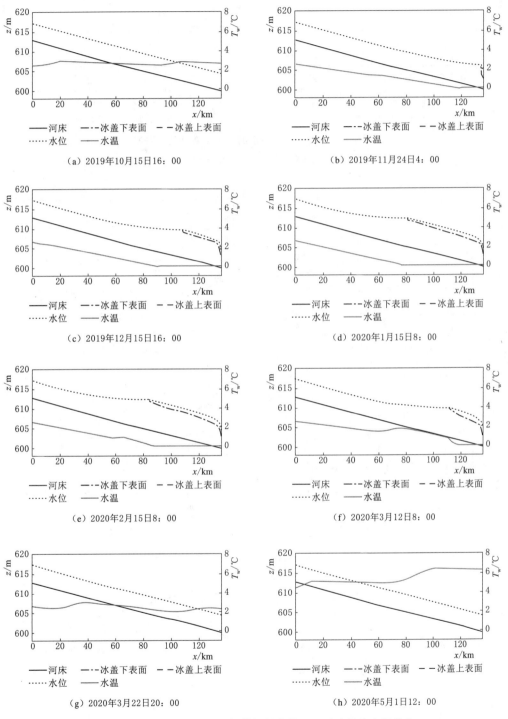

（a）2019年10月15日16：00

（b）2019年11月24日4：00

（c）2019年12月15日16：00

（d）2020年1月15日8：00

（e）2020年2月15日8：00

（f）2020年3月12日8：00

（g）2020年3月22日20：00

（h）2020年5月1日12：00

图 1.12　工况 26 下不同时间模拟的水位、上下冰盖及水温分布

（引水流量 60m³/s，上游水温 2.5℃）

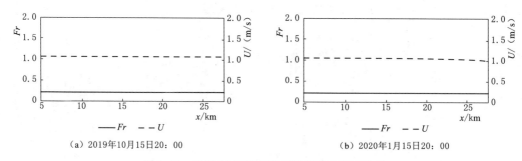

（a）2019年10月15日20：00　　　　　　　　（b）2020年1月15日20：00

图 1.13　工况 27 下模拟的弗劳德数和流速分布

（引水流量 60m³/s，上游水温 2℃）

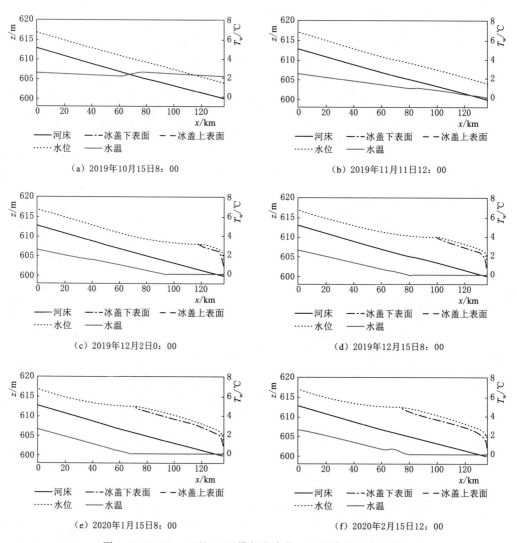

（a）2019年10月15日8：00　　　　　　　　（b）2019年11月11日12：00

（c）2019年12月2日0：00　　　　　　　　（d）2019年12月15日8：00

（e）2020年1月15日8：00　　　　　　　　（f）2020年2月15日12：00

图 1.14（一）　工况 16 下模拟的水位、上下冰盖及水温分布

（引水流量 50m³/s，上游水温 2.5℃）

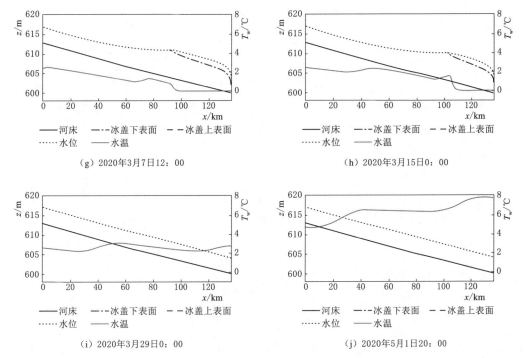

（g）2020年3月7日12：00

（h）2020年3月15日0：00

（i）2020年3月29日0：00

（j）2020年5月1日20：00

图 1.14（二） 工况 16 下模拟的水位、上下冰盖及水温分布

（引水流量 50m³/s，上游水温 2.5℃）

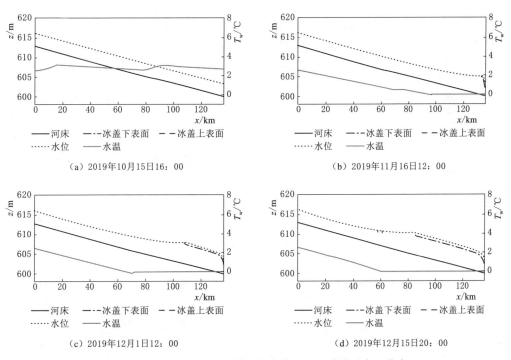

（a）2019年10月15日16：00

（b）2019年11月16日12：00

（c）2019年12月1日12：00

（d）2019年12月15日20：00

图 1.15（一） 工况 6 下模拟的水位、上下冰盖及水温分布

（引水流量 30m³/s，上游水温 2.5℃）

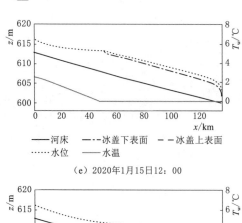

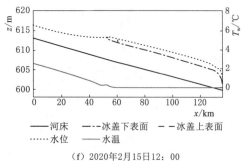

（e）2020年1月15日12：00

（f）2020年2月15日12：00

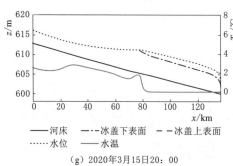

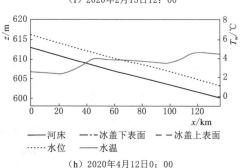

（g）2020年3月15日20：00

（h）2020年4月12日0：00

图 1.15（二）　工况 6 下模拟的水位、上下冰盖及水温分布

（引水流量 30m³/s，上游水温 2.5℃）

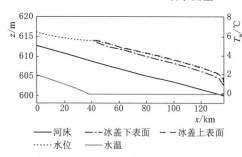

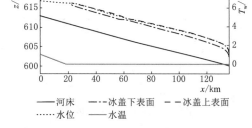

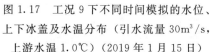

图 1.16　工况 7 下不同时间模拟的水位、
上下冰盖及水温分布（引水流量 30m³/s，
上游水温 2.0℃）（2019 年 1 月 15 日）

图 1.17　工况 9 下不同时间模拟的水位、
上下冰盖及水温分布（引水流量 30m³/s，
上游水温 1.0℃）（2019 年 1 月 15 日）

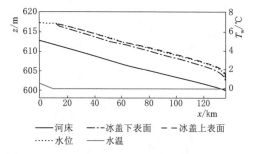

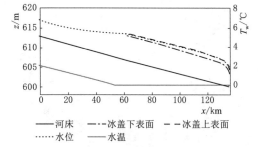

图 1.18　工况 10 下不同时间模拟的水位、
上下冰盖及水温分布（引水流量 30m³/s，
上游水温 0.5℃）（2019 年 1 月 15 日）

图 1.19　工况 17 下不同时间模拟的水位、
上下冰盖及水温分布（引水流量 50m³/s，
上游水温 2.0℃）（2019 年 1 月 15 日）

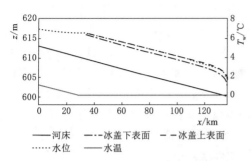

图1.20 工况19下不同时间模拟的水位、上下冰盖及水温分布（引水流量50m³/s，上游水温1.0℃）（2019年1月15日）

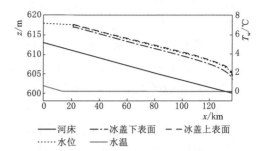

图1.21 工况20下不同时间模拟的水位、上下冰盖及水温分布（引水流量50m³/s，上游水温0.5℃）（2019年1月15日）

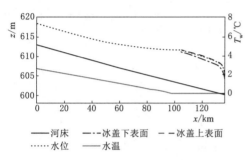

图1.22 工况36下不同时间模拟的水位、上下冰盖及水温分布（引水流量90m³/s，上游水温2.5℃）（2019年1月15日）

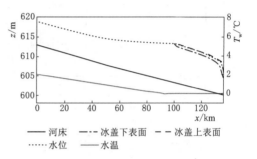

图1.23 工况47下不同时间模拟的水位、上下冰盖及水温分布（引水流量120m³/s，上游水温2.0℃）（2019年1月15日）

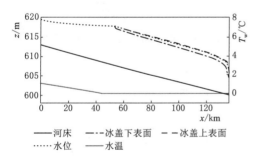

图1.24 工况49下不同时间模拟的水位、上下冰盖及水温分布（引水流量120m³/s，上游水温1.0℃）（2019年1月15日）

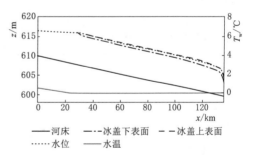

图1.25 工况50下不同时间模拟的水位、上下冰盖及水温分布（引水流量120m³/s，上游水温0.5℃）（2019年1月15日）

在不考虑日间气温浮动和太阳辐射条件下，给定代表性的冷冬年气温变化过程，假设冰盖能够逐步向上游发展，进一步分析了正常流量下冰盖厚度、流量、水位及冰盖前端位置的变化过程。图1.26显示了工况16下从上游到下游四个断面计算的水温变化过程。其中，上游引水流量最低温度为2.5℃，下游河段在12月开始到达0℃，并开始产生河冰，到3月水温逐渐回升，河冰融化。图1.27给出了工况16下不同时间和站点模拟的水位过程。在1月中旬，渠道下游断面最大壅水高度约3.0m。图1.28进一步显示工况16下不同时间和站点计算的流量变化过程。由于假设供水渠道上游均匀来流，流量恒定为 $50\text{m}^3/\text{s}$，在该工况下并没有冰塞发生，冰盖逐步以平封的方式向上游发展，流量变化不大。图 1.29 显示了不同时间和站点冰坝厚度的分布。结果显示下游冰盖最大厚度约 0.9m，因此造成的水位壅高为 3.0m。图 1.30 给出了不同时间模拟的冰盖发展过程。模拟结果显示冰盖从 11 月底开始向上游发展，在 1 月底冰盖发展到最上游约 75km 的渠段，然后逐渐向下游消融，在 3 月底完全开河。这与冰坝引起的流量、水位增长和消退过程一致。模拟结果显示，冷冬条件下北疆供水工程并没有出现显著的冰塞情况，但渠道形成的冰厚可达 0.9m，引起的水位抬高达 3.0m，因此需注意冰期供水安全。

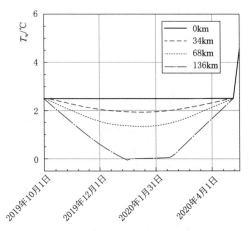

图 1.26 工况 16 下不同时间和位置模拟的水温过程

（引水流量 $50\text{m}^3/\text{s}$，上游水温 2.5℃）

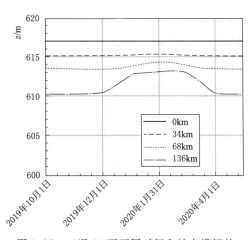

图 1.27 工况 16 下不同时间和站点模拟的水位过程

（引水流量 $50\text{m}^3/\text{s}$，上游水温 2.5℃）

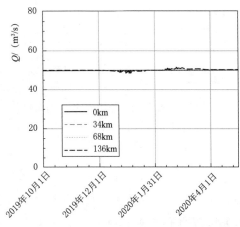

图 1.28 工况 16 下不同时间和站点模拟的流量过程

（引水流量 $50\text{m}^3/\text{s}$，上游水温 2.5℃）

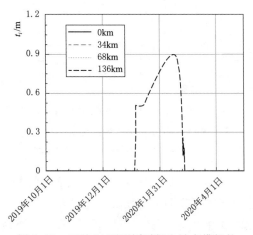

图 1.29 工况 16 下不同时间和站点模拟的冰厚变化过程

（引水流量 $50\text{m}^3/\text{s}$，上游水温 2.5℃）

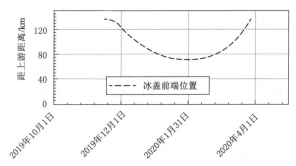

图 1.30　工况 16 下不同时间模拟的冰盖发展过程

（引水流量 50m³/s，上游水温 2.5℃）

1.8　成果总结与评价

北疆供水工程渠道主要由总干渠和南干渠连接"635"水库和"500"水库。该输水渠道地处北疆高寒区，输水距离较长，受冬季低气温影响的时间较长，渠道会有流凌和冰盖出现。建立了北疆供水工程输水工程冰期输水数学模型，拟定了 50 组工况系统计算研究了不同气温、不同引水温度和流量下北疆供水工程冬季输水过程，模拟了不同工况下渠道初冰、冰盖发展、冰盖发展下的流速和弗劳德数分布。项目主要成果和结论如下：

（1）建立北疆供水工程引水渠道冰期水力控制数字渠道仿真系统。将北疆供水工程引水渠道中的两个隧洞设为关联渠道的一段串联渠道，冰盖可以沿各个区段分段向前发展，开发了明渠—隧洞系统复杂内边界条件下的渠道非恒定流程序。

建立河渠冰塞机理及过程模型，该数学模型包括水流的热扩散方程、冰花的扩散方程、水面浮冰的输运方程、冰盖和冰块厚度的发展方程等，给出渠道封河期冰情发展的计算流程，并对数学模型进行率定和验证，对典型渠段冬季冰情进行计算分析。将冰情发展模型与明渠系统复杂内边界条件下的非恒定流模型进行集成耦合，模拟复杂气温和水流下的河冰过程。

以河冰动力学理论和类似河流观测资料为基础对模型参数进行率定，并对参数可靠性进行分析，结果表明所建立的北疆供水工程引水渠道仿真系统能较好地模拟明渠、冰盖等复杂工况下的输水过程、水温变化及冬季河冰过程。

（2）计算分析不同气温和输水温度下北疆供水工程引水渠道的输水能力、水温变化及冰情特性。通过气温资料统计分析，得出北疆供水工程冷冬年代表性的年平均气温为 4.3～5.0℃，最低气温为 −24.7～−20.4℃。在同等气温和上游输水温度下，引水流量越高，冬季渠道水温下降越慢，冰盖出现的时间越晚、冰封时间越短、冰盖封河距离越短，相应明渠输水时间越长；相反，引水流量越小，渠道水温对低气温的反应越快，渠道出现冰封的时间越快，明渠无冰输水的时间越短。在同等气温条件和上游输水流量下，上游引水温度越高，北疆供水渠道冰盖出现的时间越晚，冰盖封河的距离越短，明渠无冰输水的时间越长。

相比冷冬年，平冬年冬季整体气温比冷冬年要高6℃以上，渠道水体降温过程更为缓慢，同等引水流量和上游引水温度下，平冬年无冰输水的时间比冷冬年要更长，渠道冰封的时间更短。

北疆供水工程渠道纵向底坡较缓，渠道冰盖主要以平封为主。计算中由于相关资料缺乏，忽略太阳辐射对水温变化的影响，目前模拟的结果限于给定的气温和水温条件，北疆高寒区冬季长距离输水受冰盖影响较大。

（3）北疆输水渠道冰期运行参考建议：

1）相比于一般北方河流的冬季封河过程，北疆高寒区渠道封冻时间更长，有接近五个月的封冻期。河渠初始稳封冰厚更大，渠道稳封冰厚高达0.5m，远大于一般北方河流稳封冰厚。此外，封河之后冰盖的热力增厚较大，冰盖的最大厚度超过1.5m。

2）由于缺少具体的气温、水温、太阳辐射及水体热交换资料，无法具体细化供水时间。如果不考虑相关模型参数的误差，总体模拟趋势显示，冷冬年上游引水温度从1.0℃增加到2.0℃时，渠道下游封河时间推迟20h，100km处封河时间推迟78h。

第1章彩图

第 2 章　渠道人工加盖新技术

2.1　背景介绍

　　研究所依托的输水明渠作为北疆地区供水的生命线工程,保障引水工程沿线供水安全,对支持地方经济建设、确保石油工业可持续发展具有重大的战略意义。

　　该地区河道,从 9 月初见结冰至来年 4 月末化冰,河道供水期仅 120～150d,工程线长、面广,而且渠道堤坝地基基础承载力一般、不宜增加过大附加质量。除此之外,沿线多为盐碱地,为强风与暴雪(积雪 1m 以上)自然环境输水渠道上部开口宽度大部分为25～30m。

　　上述这些因素将给沿线引水保障带来巨大挑战,基于此提出设计低成本、轻量化刚性,同时兼具耐腐蚀、高承载、大跨度的结构保温技术。

2.2　国内外研究现状

　　目前,国内外关于保温结构技术的研究主要集中在轻量化保温大棚和轻型穿顶屋盖结构。具体说来有以下几种主要类型。

1. 严寒地区保温蔬菜大棚

　　蔬菜大棚多为框架覆膜结构,现场采用镀锌钢管建造,上覆透光薄膜。PVC 薄膜造价通常为 12～18 元/m²,一般使用年限只有 1 年。主要原理为太阳光透过塑料薄膜、玻璃等透明覆盖材料照射到地面和墙体,产生长波辐射(热量),而薄膜等覆盖材料又能有效阻隔及反射大部分长波辐射,使得土壤、墙体能够蓄积更多的热量。夜间,土壤、墙体蓄积的热量释放到温室中来;此外,加盖保温被(图 2.1)可以减缓热量流失,较不加盖可增温 8.9～16.3℃。

　　PC 阳光板具有透明度高、质轻、隔音、隔热、抗老化等特点,吉林、沈阳等地区已经建设了 PC 阳光板温室大棚(图 2.2),寿命达数十年;热镀锌钢骨架和 PC 板造价为 110～250 元/m²。

　　此类结构的骨架主要是钢材或铝合金等金属材料,对于高原高寒偏远地区,其成本较高,可维护性较差。

图 2.1　塑料薄膜加盖保温被

图 2.2　PC 阳光板温室大棚

2. 轻型穹顶屋盖结构

轻型穹顶屋盖结构（图 2.3）主要由气垫穹顶（圆屋顶）和上覆的膜（遮阳）组成；后者通过带有许多空腔支撑柱（图 2.4）的钢索框架固定在前者上。它是一种隔离的、可充气的结构，通过缆索支撑框架固定地附着到地面上，其内部具有明显的凹形。它主要由纤维制成的纺织膜构成，通过附加膜结构，可以防止内部圆顶遭受过度的阳光、风和降水负荷。上覆膜与穹顶之间通过膜顶的开孔产生向上流动的气流，这种流动能够更好地消散太阳辐射能量，屋顶可以从外部冷却。允许空气压力承担主要荷载，内部充气穹顶上覆以钢索框架负责分散荷载，众多张力锚杆承担基础的作用。此类结构主要出现在城市中作为室外活动场馆，提供室外娱乐活动场所，外部自然环境较为友好。

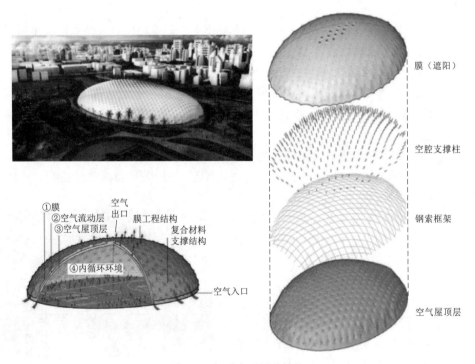

图 2.3　轻型穹顶屋盖结构

图 2.4 空腔支撑柱

3. 肋拱式机库

肋拱式机库（图 2.5）由肋拱和覆膜组成，形成的内部空间可以进行飞机、车辆等设备的维修保养，室内温度由空调调节。该型结构的温度主要靠外部设备保障，较多地作为临时性结构，其在高原、高寒、偏远地区的适用性很弱。

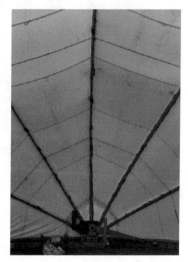

图 2.5 肋拱式机库

4. 移动式充气机库

移动式充气机库（图 2.6）以充气气囊为肋骨上覆膜材料形成机库结构，该充气机库以军用野战底盘车的动力与控制系统为基础，可以实现自主发电、自动运行充气、气压控制和故障报警。气囊结构具有良好的保温性能，内部安装空调可以实现恒温空间。能够快速架设和撤收，无需吊车，2h 内仅用人力即可完成架设或撤收，且能频繁折叠重复使用。此类结构与拱肋式机库类似，主要在外部自然环境良好，且需要外部提供电力保障，可持久性较弱。

5. 现有保温盖板结构

现有保温盖板结构（图 2.7）主要通过金属骨架并覆盖以 PC 阳光板实现河道保温效

果，该结构骨架为金属材料，自重大、耐腐蚀性差、跨度较小，适合小型沟渠短距离的加盖结构使用。

图 2.6　移动式充气机库

图 2.7　现有保温盖板结构（南水北调中线干线工程）

2.3　研究内容

（1）对渠道加盖保温的方案调研与论证，通过对现有保温设施的对比分析，确定基本方案为采用阳光板进行渠道保温加盖。

（2）在确定的阳光板保温加盖方案基础上，展开方案的详细设计研究，对单独采用阳光板进行保温加盖的结构方案进行结构设计计算，并依据现有的生产能力对方案进行了评估，该方案需要对现有的生产模具进行改造，改造成本较高，故没有采用该方案；在此基础上，进行了 FRP-PC 阳光板组合结构方案的设计计算（图 2.8），该方案采用市场现有产品进行组合设计，且各项结构指标均能满足要求，方案切实可行。

（3）对方案采用的 PC 阳光板和弯曲型 FRP 进行测试与试制，制作结构的缩尺模型并进行简单的实验测试，与模型计算进行对比，结果表明：模型承载较好，能够满足设计要求；建立的有限元模型准确可靠，可以进行设计分析。

（4）开展现场试验研究，通过在现场架设拼接 FRP-PC 阳光板组合结构进行试验，验证结构方案的可行性。

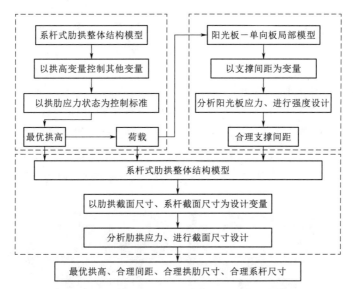

图 2.8 FRP－PC 阳光板组合结构优化设计流程

2.4 技术原理概述

在确定的阳光板保温加盖方案基础上，展开方案的详细设计研究，对单独采用阳光板进行保温加盖的结构方案进行结构设计计算，并依据现有的生产能力对方案进行评估，该方案需要对现有的生产模具进行改造，改造成本较高，故没有采用该方案。在此基础上，本书进行了 FRP－PC 阳光板组合结构方案的设计计算，以具有采光保温功能的 PC 阳光板为基础，在其下部增加 FRP 肋拱，纵向增加辅助纵梁以增强纵向强度，同时也可增加 PC 阳光板与 FRP 拱肋的连接。两者组合不但可以共同承受外荷载（风载、雪载），而且在冬季日间有阳光照射时可以迅速加热内部空气环境储存热量，在夜间无外部热量供应的情况下减缓内部热量流失，保证输水渠道不结冰或不形成冰盖，保证渠道供水，夏季在高温环境中可以有效阻碍太阳光对水面的照射，减小水汽蒸发，该结构采用 FRP－PC 耐水材料，水蒸气能够在结构内部表面形成水珠。该方案全部采用轻质材料制作，构件形式简单，材料运至现场后可快速拼装架设。

2.5 结构优化设计

2.5.1 材料性能

2.5.1.1 采光保温面板

聚碳酸酯阳光板（PC 阳光板）是一种近几年备受推崇的新型建筑装饰材料。它由于质轻、保温节能、防火阻燃、光亮透明、造型高雅，成为当前最理想的采光保温材料之一。

PC 阳光板综合性能极佳。重量轻，PC 阳光板的重量是相同厚度玻璃重量的 1/2，中空板的重量仅是相同厚度玻璃重量的 1/12～1/15；保温、隔热，玻璃的传热系数是 PC 实心板的 1.2 倍、中空板的 1.7 倍；透光率高，3mm 实心板透光率为 88%，6mm 中空板透光率大于 80%；不易结露，在通常情况下，当室外温度为 0℃、室内温度为 23℃，只要相对湿度低于 80%，板材内表面就不会结露。

　　PC 阳光板（图 2.9）从结构方面分为矩形板、米字板、蜂窝板、锁扣板等。从板型方面分为双层板和多层板。双层矩形阳光板常用在普通采光和遮光领域，具有透光率高、保温性能好、比重较轻、性价比高等特点，如温室覆盖材料通常采用 4～12mm 透明阳光板。多层板主要用于大型的体育场馆、火车站等重型钢结构建筑，其特点是比重大，具有一定结构承载性能。

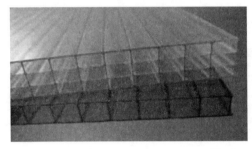

图 2.9　PC 阳光板

　　PC 阳光板主要用在公共、工业、民用建筑的采光、防雨遮盖、隔音隔热建筑的美化。如商业大楼、娱乐场所、体育馆、游泳场的采光天窗，火车站、航空港、候车厅、购物街、地下车库的采光防雨棚，园林、农用、渔业养殖的温室大棚等（图 2.10）。

图 2.10　温室大棚

　　PC 阳光板生产工艺（图 2.11）已经非常成熟，生产技术和质量管控越来越规范，生产工艺以挤出工艺为主，主要采用的生产设备分为进口和国产两类，区别在于操控性能和精度的差别。前段：PC 粒子在烘料桶经过 100℃，4h 烘干后吸入加料桶，均匀落入温控螺杆进行溶化、混炼并从模头（矩形、米字形、蜂窝形等）挤出，经过温控成形台，形成所需形状的中空板。中段：板材经过烤箱消除表面应力，同时增加板面温度，上下贴 PE 保护膜。后段：根据要求裁切板材长度和宽度。

　　自带骨架的阳光板是未来发展趋势。目前安装一般都使用合金或不锈钢骨架来连接，因盖板的缺口应力开裂比较敏感，一般要求在此板边不打孔，而靠胶条，金属压板等压

图 2.11　PC 阳光板生产工艺

紧。这样一方面板材承受风载、雪载能力受到限制，另一方面给安装施工带来一定的难度。另外由于受密封胶胶质影响（氨基或胺类固化剂的硅酮胶、VPC 等许多常用密封胶条都容易使 PC 阳光板龟裂），因此不用胶条和密封胶适用于各种工程要求，自带扣槽、即用即插的阳光板将是开发的方向之一。这不仅减少了辅料，而且避免辅料与 PC 阳光板的不匹配造成的开裂、腐蚀等，还为工程安装提供方便。

2.5.1.2　采光板

　　FRP 采光板（图 2.12）全称玻璃纤维采光板（玻璃纤维强化聚酯），又称透明瓦、防腐瓦、阳光瓦等。由表面保护上膜、特殊优化树脂中层及强化玻璃纤维下层组成。其保护上膜改进型 UV 表面保护涂层，具有长期耐风雨侵蚀的特性。FRP 采光板抗弯强度为 177MPa，抗剪强度为 90MPa，抗压强度为 135MPa，抗拉强度为 94MPa，冲击韧性约为 140 kJ/m²。

　　FRP 采光板是由强化聚酯与玻璃纤维制成的复合材料，具有众多优良性能：

　　（1）FRP 采光板的透光率极高，透光率可达 80%，如同玻璃一样；此外，由于浸透性强，纤维呈均匀分布，使入室阳光呈散光状，光线柔和。

　　（2）较高的强度和抗冲击能力，可随冰雹冲击而不影响板的正常使用。

　　（3）FRP 采光板有着良好的防紫外线能力，它可以过滤掉日光中 99% 的紫外线。

　　（4）导热率小，保温效果好，高寒地区使用可采用双层采光板。

　　（5）FRP 采光板具有良好的耐腐蚀性，使用寿命长达 20 年。

　　（6）FRP 采光板属于一级阻燃材料，能极好地保障一些特殊建筑的安全。

　　FRP 采光板类似玻璃，主要用于建筑结构采光，如厂房采光带、宾馆厅、体育馆、游泳馆、停车场等；动、植物温室的采光；公共体育场馆屋面采光；特殊要求的建筑物阻燃防腐隔热等场所（图 2.13）。

图 2.12　FRP 采光板　　　　　　　　图 2.13　建筑结构采光

2.5.1.3　对比分析

一般来说两者都具有采光功能，其中 PC 板采光性能和耐候性要好一些，而 FRP 采光板有比较好的耐酸碱性，不容易被酸碱腐蚀；生产工艺也不一样，PC 板是共挤制成，生产工艺稍微复杂些。虽然 FRP 采光板的导热系数比 PC 板的要低，但是 FRP 采光板通常为单层，导热比 PC 板（多层结构）要高，也就是说夏天太阳照射的话，FRP 采光板下的室内温度要高些。

对于本书，主要是利用上覆板材的采光功能和保温性能，在日光照射下，能够快速加热覆板下室内温度；并具有一定保温性能，使在外部温度降低时，尽量减少内部温度的流失。根据以上分析可以知道，FRP 采光板主要用于采光，PC 阳光板主要用于采光和保温，使用 FRP 采光板升温快，降温也快。因此，本项目更宜采用 PC 阳光板。

2.5.2　设计荷载

主要考虑雪荷载和风荷载的组合，以及对应温度荷载。按阿勒泰市进行计算，地面粗糙度为 A 类，按 50 年重现期设计。

2.5.2.1　雪荷载

屋面水平投影面上的雪荷载标准值应按下式计算：

$$S_k = \mu_r S_0$$

式中　μ_r——屋面积雪分布系数；

　　　S_0——基本雪压，kN/m^2。

基本风压及基本雪压见表 2.1；屋面积雪分布系数如图 2.14 所示。

表 2.1　　　　　　　　　　　基本风压及基本雪压

城市名	海拔高度/m	风压/(kN/m²)			雪压/(kN/m²)		
		$R=10$	$R=50$	$R=100$	$R=10$	$R=50$	$R=100$
阿勒泰市	735.3	0.40	0.70	0.85	1.20	1.65	1.85

2.5.2.2　风荷载

围护结构风荷载应按下式计算：

$$w_k = \beta_{gz} \mu_{sl} \mu_z w_0$$

式中　β_{gz}——高度 z 处的阵风系数；

　　　μ_{sl}——风荷载局部体型系数；

　　　μ_z——风压高度变化系数；

　　　w_0——基本风压，kN/m^2。

计算围护结构（包括门窗）风荷载时的阵风系数应按表 2.2 取值。

对于穹顶结构，局部体型系数 μ_{sl} 按体型系数 μ_s

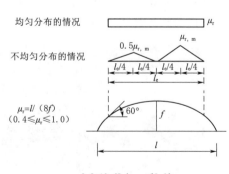

图 2.14　屋面积雪分布系数

的 1.25 倍取值，见表 2.3。

表 2.2 阵 风 系 数 β_{qz}

离 地 面 高 度/m	阵 风 系 数 β_{qz}			
	A	B	C	D
5	1.65	1.70	2.05	2.40
10	1.60	1.70	2.05	2.40

注 A、B、C、D 为地面粗糙度类别。

表 2.3 体 型 系 数 μ_s

类 别	体型及体型系数 μ_s		备 注
封闭式落地拱形屋面	μ_0 -0.8 -0.5 f l	f/l μ_s 0.1 +0.1 0.2 +0.2 0.5 +0.6	中间值按线性插值法计算

风压高度变化系数按表 2.4 取值。

表 2.4 风压高度变化系数 μ_z

离地面或海平面高度/m	风压高度变化系数 μ_z			
	A	B	C	D
5	1.09	1.00	0.65	0.51
10	1.28	1.00	0.65	0.51

注 A、B、C、D 为地面粗糙度类别。

2.5.2.3 荷载组合

$$S_d = \sum_{j=1}^{m} \gamma_{G_j} S_{G_j k} + \gamma_{L_1} S_{Q_1 k} + \sum_{i=2}^{n} \gamma_{Q_i} \gamma_{L_i} \psi_{c_i} S_{Q_i k}$$

式中 γ_{Q_i} ——可变荷载分项系数；

       γ_{L_i} ——设计使用年限调整系数；

       ψ_{c_i} ——可变荷载组合值系数。

雪荷载的组合值系数 ψ_c 可取 0.7；频遇值系数可取 0.6；准永久值系数应按雪荷载分区 Ⅰ、Ⅱ和Ⅲ 的不同，分别取 0.5、0.2 和 0；风荷载的组合值系数、频遇值系数和准永久值系数可分别取 0.6、0.4 和 0。

2.5.2.4 设计荷载

按拱高 f、跨度 l，雪荷载标准值见表 2.5。

表 2.5　　　　　　　　　　　　　　　　雪 荷 载 标 准 值

拱高 f/m	跨度 l/m	积雪分布系数	基本雪压 S_0	雪压标准值 $S_k /(kN/m^2)$
0.92	7	0.951	1.650	1.56
1.88	10	0.665	1.65	1.08
3	10	0.417	1.650	0.688
4	10	0.313	1.650	0.516
5	10	0.250	1.650	0.413
6	10	0.208	1.650	0.344
3	20	0.83	1.65	1.375
4	20	0.63	1.65	1.031
5	20	0.50	1.65	0.825
6	20	0.42	1.65	0.688
7	20	0.36	1.65	0.589
8	20	0.31	1.65	0.516
9	20	0.28	1.65	0.458
10	20	0.25	1.65	0.413

风荷载取值见表 2.6～表 2.8。

表 2.6　　　　　　　　　　　　　　　　迎 风 侧 风 荷 载

f/m	l/m	f/l	阵风系数	局部体型系数	风压高度变化系数	基本风压	风压标准值
0.92	7	0.13	1.65	0.13	1.09	0.7	0.163
1.88	10	0.188	1.65	0.188	1.28	0.7	0.278
3	10	0.3	1.65	0.33	1.09	0.7	0.420
4	10	0.4	1.65	0.47	1.09	0.7	0.588
5	10	0.5	1.65	0.60	1.09	0.7	0.755
6	10	0.6	1.65	0.73	1.128	0.7	0.955
3	20	0.15	1.65	0.19	1.09	0.7	0.236
4	20	0.2	1.65	0.25	1.09	0.7	0.315
5	20	0.25	1.65	0.33	1.09	0.7	0.420
6	20	0.3	1.65	0.42	1.128	0.7	0.543
7	20	0.35	1.65	0.50	1.166	0.7	0.673
8	20	0.4	1.65	0.58	1.204	0.7	0.811

续表

f/m	l/m	f/l	阵风系数	局部体型系数	风压高度变化系数	基本风压	风压标准值
9	20	0.45	1.65	0.67	1.242	0.7	0.956
10	20	0.5	1.65	0.75	1.28	0.7	1.109

表 2.7　　　　　　　　　顶 部 风 荷 载

f/m	l/m	f/l	阵风系数	局部体型系数	风压高度变化系数	基本风压	风压标准值
0.92	7	0.13	1.65	−0.80	1.09	0.7	−1.007
1.88	10	0.188	1.65	−0.80	1.28	0.7	−1.183
3	10	0.3	1.65	−0.80	1.09	0.7	−1.007
4	10	0.4	1.65	−0.80	1.09	0.7	−1.007
5	10	0.5	1.65	−0.80	1.09	0.7	−1.007
6	10	0.6	1.65	−0.80	1.128	0.7	−1.042
3	20	0.15	1.65	−0.80	1.09	0.7	−1.259
4	20	0.2	1.65	−0.80	1.09	0.7	−1.259
5	20	0.25	1.65	−0.80	1.09	0.7	−1.259
6	20	0.3	1.65	−0.80	1.128	0.7	−1.303
7	20	0.35	1.65	−0.80	1.166	0.7	−1.347
8	20	0.4	1.65	−0.80	1.204	0.7	−1.391
9	20	0.45	1.65	−0.80	1.242	0.7	−1.435
10	20	0.5	1.65	−0.80	1.28	0.7	−1.478

表 2.8　　　　　　　　　背 风 侧 风 荷 载

f/m	l/m	f/l	阵风系数	局部体型系数	风压高度变化系数	基本风压	风压标准值
0.92	7	0.13	1.65	−0.50	1.09	0.7	−0.629
1.88	10	0.188	1.65	−0.50	1.28	0.7	−0.739
3	10	0.3	1.65	−0.50	1.09	0.7	−0.629
4	10	0.4	1.65	−0.50	1.09	0.7	−0.629
5	10	0.5	1.65	−0.50	1.09	0.7	−0.629
6	10	0.6	1.65	−0.50	1.128	0.7	−0.651
3	20	0.15	1.65	−0.50	1.09	0.7	−0.787
4	20	0.2	1.65	−0.50	1.09	0.7	−0.787
5	20	0.25	1.65	−0.50	1.09	0.7	−0.787
6	20	0.3	1.65	−0.50	1.128	0.7	−0.814

续表

f/m	l/m	f/l	阵风系数	局部体型系数	风压高度变化系数	基本风压	风压标准值
7	20	0.35	1.65	−0.50	1.166	0.7	−0.842
8	20	0.4	1.65	−0.50	1.204	0.7	−0.869
9	20	0.45	1.65	−0.50	1.242	0.7	−0.897
10	20	0.5	1.65	−0.50	1.28	0.7	−0.924

（1）Ⅰ类荷载组合，见表 2.9～表 2.11。

表 2.9　　　　　　　　　　　　　Ⅰ类荷载迎风侧风荷载

f	l	迎风侧风荷载	雪荷载	风控组合	雪控组合	控制荷载判断	施加到模型中的荷载 /（kN/m²）	
							风荷载	雪荷载
0.92	7	0.163	1.56	1.757	2.320	雪控	0.136	2.184
3	10	0.420	0.688	1.261	1.315	雪控	0.353	0.963
4	10	0.588	0.516	1.328	1.215	风控	0.823	0.505
5	10	0.755	0.413	1.462	1.212	风控	1.058	0.404
6	10	0.955	0.344	1.674	1.284	风控	1.338	0.337
3	20	0.236	1.375	1.678	2.123	雪控	0.198	1.925
4	20	0.315	1.031	1.451	1.708	雪控	0.264	1.444
5	20	0.420	0.825	1.396	1.508	雪控	0.353	1.155
6	20	0.543	0.688	1.434	1.418	风控	0.760	0.674
7	20	0.673	0.589	1.520	1.391	风控	0.943	0.578
8	20	0.811	0.516	1.641	1.403	风控	1.136	0.505
9	20	0.956	0.458	1.788	1.445	风控	1.339	0.449
10	20	1.109	0.413	1.957	1.509	风控	1.552	0.404

表 2.10　　　　　　　　　　　　　Ⅰ类荷载拱顶风荷载

f	l	控制荷载	拱顶风荷载	雪荷载	施加到模型中的荷载/（kN/m²）	
					风荷载	雪荷载
3	10	雪控	−1.007	0.688	−0.846	0.963
4	10	风控	−1.007	0.516	−1.410	0.505
5	10	风控	−1.007	0.413	−1.410	0.404
6	10	风控	−1.042	0.344	−1.459	0.337
3	20	雪控	−1.259	1.375	−1.058	1.925

f	l	控制荷载	拱顶风荷载	雪荷载	施加到模型中的荷载/(kN/m²)	
					风荷载	雪荷载
4	20	雪控	−1.259	1.031	−1.058	1.444
5	20	雪控	−1.259	0.825	−1.058	1.155
6	20	风控	−1.303	0.688	−1.824	0.674
7	20	风控	−1.347	0.589	−1.885	0.578
8	20	风控	−1.391	0.516	−1.947	0.505
9	20	风控	−1.435	0.458	−2.008	0.449
10	20	风控	−1.478	0.413	−2.070	0.404

表 2.11 Ⅰ类荷载背风侧风荷载

f	l	控制荷载	背风侧风荷载	雪荷载	施加到模型中的荷载/(kN/m²)	
					风荷载	雪荷载
3	10	雪控	−0.629	0.688	−0.529	0.963
4	10	风控	−0.629	0.516	−0.881	0.505
5	10	风控	−0.629	0.413	−0.881	0.404
6	10	风控	−0.651	0.344	−0.912	0.337
3	20	雪控	−0.787	1.375	−0.661	1.925
4	20	雪控	−0.787	1.031	−0.661	1.444
5	20	雪控	−0.787	0.825	−0.661	1.155
6	20	风控	−0.814	0.688	−1.140	0.674
7	20	风控	−0.842	0.589	−1.178	0.578
8	20	风控	−0.869	0.516	−1.217	0.505
9	20	风控	−0.897	0.458	−1.255	0.449
10	20	风控	−0.924	0.413	−1.294	0.404

（2）Ⅱ类荷载组合（自重＋雪），见表 2.12。

表 2.12 Ⅱ 类 组 合

结　　构	雪荷载标准值/(kN/m²)	组合值中的雪荷载/(kN/m²)
0.92～7	1.56	2.184
10～3	0.688	0.963

（3）Ⅲ类荷载组合（自重＋风），见表 2.13。

表 2.13   Ⅲ 类 组 合

结　构	风荷载标准值/(kN/m²)		组合值中的风荷载/(kN/m²)
0.92~7	迎风侧	0.163	0.136
	拱顶	−1.007	−0.844
	背风侧	−0.629	−0.528
10~3	迎风侧	0.420	0.588
	拱顶	−1.007	−1.4098
	背风侧	−0.629	−0.881

2.6　拱形 PC 阳光板承载结构方案设计

采用空心肋板结构进行融合设计，计算模型如图 2.15 所示。

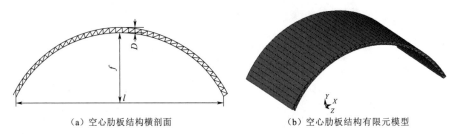

（a）空心肋板结构横剖面　　　　　（b）空心肋板结构有限元模型

图 2.15　计算模型

由于材料模量较低，作为结构设计使用时，应首先看是否满足结构稳定性要求，进而再考虑材料强度要求。因而，设计的有效途径为，通过设计合理的跨度、拱高、厚度、空腔间距，使结构首先同时满足稳定性要求，之后再进一步优化使其满足强度、经济两方面要求。

2.6.1　跨度 5m

对于 5m 跨度，首先进行拱高的合理设计，发现该拱盖稳定性与整体曲板厚度和空腔间距有明显相关性，厚度越大，稳定临界荷载值越高；同时空间间距也应随着厚度增大而略微增大，不能随厚度的增加而减小。结果汇总见表 2.14。

表 2.14   跨度 5m 下拱盖稳定性

$f-L-D-c^*$（D）	临界屈曲荷载	屈 曲 模 态
1.5m−5m−100−1.5	0.484	局部
1.5m−5m−120−1.5	0.530	局部
1.5m−5m−150−1.5	0.651	局部
1.5m−5m−180−1.6	0.686	（顶部上面层）—局部

$f - L - D - c^*$ (D)	临界屈曲荷载	屈曲模态
2m – 5m – 100 – 1.5	0.563	局部
2m – 5m – 120 – 1.5	0.623	局部
2m – 5m – 150 – 1.2	0.609	局部
2m – 5m – 150 – 1.5	0.714	局部
1.5m – 5m – 180 – 1.6 – 7	2.057	局部（顶部）
1.5m – 5m – 180 – 1.6 – 6	1.245	局部（顶部）

如图 2.16 所示，优化得出满足荷载要求的、稳定的结构形式为：5m 跨度时取整体曲板厚度 180mm，肋板及上、下面板厚 6mm，空腔间距取整体板厚的 1.6 倍，稳定临界荷载为 $1.245kN/m^2$，远大于使用荷载 $0.733kN/m^2$，即实际承载时不会发生失稳破坏；于是对于该结构，施加实际荷载进行强度计算，发现承受荷载时最大应力仅为 0.317MPa，远小于材料强度 60MPa。

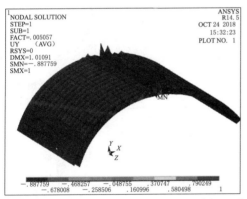 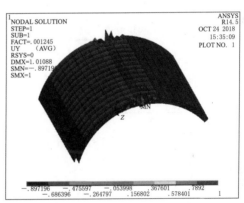

1.5m-5m-180-1.6（左 7mm，右 6mm）——稳定临界荷载计算

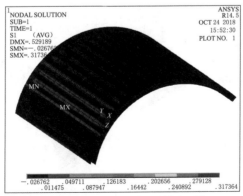

1.5m-5m-180-1.6-6mm——第一主应力云图

图 2.16 计算结果值

2.6.2 跨度10m

对于10m跨度，合理的拱高应不小于3m，整体板厚应不小于200mm，空腔间距应随板厚相应变化，肋板及上、下面板大于6mm时可得到满足荷载要求及稳定要求的结构。计算结果汇总见表2.15。

表2.15 跨度10m下拱盖稳定性

	模 型	屈曲临界荷载/（kN/m²）	备 注
变拱高	2m-10m-150-1.5D	0.242	局部
	3m-10m-150-1.5D	0.327	局部
变厚度	3m-10m-120-1.2D	0.254	局部
	3m-10m-150-1.2D	0.279	局部
	3m-10m-200-1.2D	0.338	局部
	3m-10m-200-1.5D	0.431	整体（顶部）
	3m-10m-250-0.8D	0.284	局部
	3m-10m-250-1.3D	0.433	整体（顶部）
加肋板	3m-10m-200-1.5D-6.5mm	0.731	局部
	3m-10m-200-1.5D-6mm	0.824	局部（顶部）
	3m-10m-250-1.5D-6.5mm	0.918	局部

计算（图2.17、图2.18）得出：10m跨度时，最小板取200mm，空间间距取板厚的1.5倍，肋板及上、下面板取6.5mm时，稳定临界值为0.918kN/m²，大于使用荷载0.733kN/m²，结构承载时不会发生失稳破坏。在该参数下，进行结构强度计算，最大应力为0.188MPa，远小于材料强度要求；方案满足使用要求。

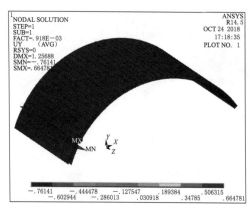

图2.17 稳定临界荷载计算

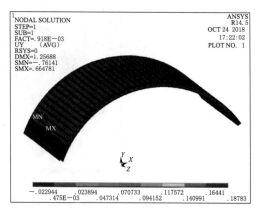

图2.18 第一主应力

2.6.3 结果分析

以上计算结果发现，由于 PC 阳光板材弹性模量较低，用作承载结构时，结构稳定性为主要控制指标。板厚较小时，稳定临界荷载较低，主要表现为约束位置发生失稳破坏；在进一步进行端部约束加强后，稳定临界荷载提高不多，失稳位置向上移动至加强与未加强的分界处；表明较小板厚参数下，结构刚度难以满足要求。

此外，随着板厚增大，稳定临界荷载不断提高，增大至某一值时，失稳模式由约束位置局部失稳变为整体失稳，临界荷载明显提高，表明结构刚度已逐渐开始满足结构使用要求；在此基础上，调整面板及肋板的厚度，可使结构满足使用要求。

总的来看：5m 跨度时，合理设计为 1.5m-5m-180mm-1.6D-6mm；此时稳定临界荷载为 1.245kN/m²，大于使用荷载 0.733kN/m²；同时，该使用荷载作用下，结构最大应力仅为 0.317MPa，远小于材料强度。该参数下，6m 长结构重量为 1847.4kg，市场调研阳光板价格为 30 元/kg，即工程原材料造价为 9237 元/m。

10m 跨度时，合理设计为 3m-10m-200mm-1.5D-6.5mm，稳定临界荷载 0.918kN/m²，大于使用荷载 0.733kN/m²；同时，该使用荷载作用下，结构最大应力仅 0.188MPa，远小于材料强度。该参数下，6m 长结构重量 3077.4kg，市场调研阳光板价格为 30 元/kg，即工程原材料造价 1.538 万元/m。

对于更大跨度，截面尺寸相应增加更大，不宜使用。

目前，阳光板生产主要为平板时夹层板，板材最大厚度为 18mm，生产宽度最大 2.1m，其他宽度均为裁剪与拼接制品，且其弯曲性能较差。对于设计的带弧度的层板，不能依靠后续外力弯曲，需生产带弧度层板，带来的问题是整条生产线的改动，调研知改动需投资 100 万～300 万元。综合分析认为：设计方案实施成本过高。

2.7 FRP-PC 阳光板组合结构方案设计

以上计算结果显示：优化设计的阳光板是可以作为结构使用的构件，但要求构型、尺寸满足一定的要求，但市场生产条件不易满足。因此，考虑采用市场现有的 PC 阳光板规格型材和轻质高强 FRP 型材进行融合设计，在 FRP 拱形肋骨上覆以 PC 阳光板，PC 阳光板直接承受面荷载，并将其传递至下部 FRP 肋骨上，并进一步传递至支座上，如图 2.19 所示。

PC 阳光板采用双层板，板厚 10mm，空腔间距 10mm；层板纵向铺设，横向使其弯曲并黏结至弯曲的 FRP 肋拱上。以下将通过计算，对拱肋间距 ΔD、拱肋截面形式、尺寸进行合理设计（图 2.20）。

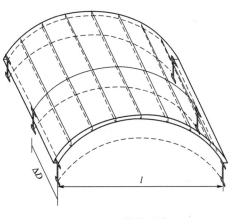

图 2.19 结构形式

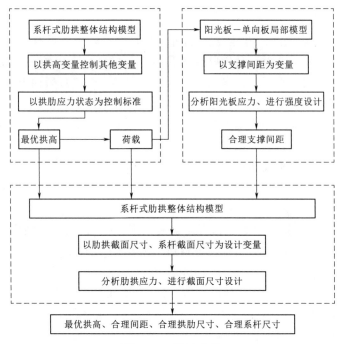

图 2.20　设计流程

2.7.1　数值模拟

采用结构分析软件 ANSYS 进行设计计算与分析。对于该组合结构，上覆 PC 阳光板自身存在结构，整体结构可视为多级结构。在简单的受力情况下，如 PC 阳光板只受面外横向力时（即阳光板使用为平板时），可将阳光板等效为平板而使用 shell 单元进行模拟计算。但是，阳光板作为拱形结构进行使用，阳光板不仅受面外的风荷载、雪荷载，在面内还存在挤压力的作用，在这种情况下，将阳光板做等效处理较为复杂。于是，建立了该组合结构的全尺度模型，采用 shell181 单元详细建立了阳光板的各个细节，并将其覆盖于采用 beam188 单元建立的拱形肋骨上，如图 2.21 所示。

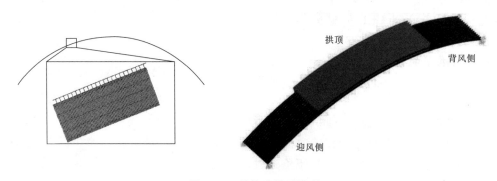

图 2.21　结构有限元模型

阳光板上面层板厚 0.5mm，肋板厚 0.2mm，板厚 10mm，空腔间距 10mm，如图 2.22 所示。模型全部为参数化，跨度为 L、拱高度 H 和肋骨尺寸等参数均可参数变化，便于模型的优化设计。

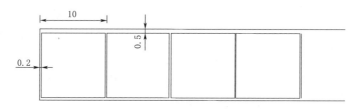

图 2.22　PC阳光板几何参数（单位：cm）

2.7.2　跨径 10m

1. Ⅰ类荷载组合设计

（1）两端固定铰支座。

采用控制变量法，控制各变量，变化拱高，根据肋骨应力状态、PC阳光板应力状态得出结构的最优拱高（图 2.23～图 2.25）。由表 2.16 可知，跨径 10m 时最优拱高为 3m。

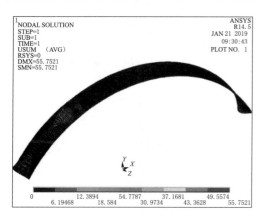

图 2.23　总体变形

图 2.24　肋骨应力状态

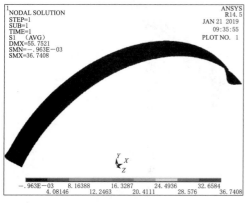

图 2.25　PC阳光板应力状态

表 2.16　拱高设计

跨度-拱高 /m	变形 /mm	拱肋应力状态 /（MPa，mm）	PC阳光板应力状态 /MPa
10-2	60.89	−6.73，3.00	45.25
10-3	55.75	−7.08，5.13	36.74
10-4	89.35	−11.92，22.25	59.69
10-5	104.906	−19.2，36.1	70.39

注　后续各表单位长度为 m，变形为 mm，应力为 MPa，负值表示最大压应力，正值表示最大拉应力。

在确定了拱高的基础上，对肋骨尺寸进行进一步的设计，见表 2.17。

表 2.17　　　　　　　　　　肋 骨 截 面 设 计

跨度-拱高 /m	肋骨尺寸 /mm	结构变形 /mm	肋骨应力状态 /(MPa，mm)	PC 板应力状态 /MPa
10 - 3	T - 150 - 200 - 10 - 10	55.75	−7.08，5.13	36.74
10 - 3	工 - 50 - 50 - 50 - 5	201.5	−66.02，47.29	45.04
10 - 3	工 - 30 - 30 - 50 - 5	303.5	−102.6，73.5	49.18
10 - 3	工 - 30 - 30 - 40 - 5	517.98	−141.7，101.5	53.72
10 - 3	工 - 30 - 30 - 30 - 5	1052.32	−215.63，154.25	64.86

注　肋骨尺寸采用"T 形-翼缘长-腹板高-翼缘厚-腹板厚"或"工形-上翼缘宽-下翼缘宽-腹板高-大厚度"表示形状与尺寸，之后表格中出现的肋骨形式同此表。

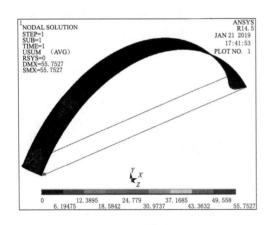

图 2.26　总体变形

（2）系杆拱结构-简支。

采用控制变量法进行拱高的设计，控制各变量而变化拱高，依据各部件的应力状态评价拱高的最优值（图 2.26～图 2.28），由表 2.18 可知，最佳拱高应为 3m。

在最佳拱高情况下，对肋骨尺寸进行进一步设计，见表 2.19。

2. Ⅱ类荷载组合设计

（1）系杆结构，见表 2.20。

（2）固定铰支拱，见表 2.21。

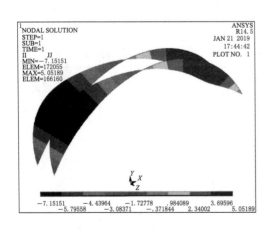

图 2.27　肋骨应力状态

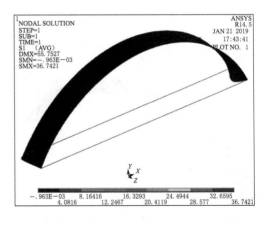

图 2.28　PC 阳光板应力状态

表 2.18 拱 高 设 计

跨度-拱高/m	变形/mm	拱肋应力状态/(MPa，mm)	系杆应力	PC板应力状态/MPa
10－2	60.88	－6.35，3.69	5.64	45.25
10－3	55.75	－7.15，5.05	－1.59	36.74
10－4	89.35	－11.92，22.25	－12.62	59.69
10－5	107.93	－19.66，35.83	－15.16	70.40

表 2.19 肋 骨 尺 寸 设 计

跨度-拱高/m	肋骨尺寸/mm	结构变形/mm	肋骨应力状态/(MPa，mm)	PC板应力状态/MPa	系杆应力
10－3	T－150－200－10－10	60.88	－7.15，5.05	36.74	－1.59
10－3	工－50－50－50－5	201.66	－66.04，47.27	45.04	－1.62
10－3	工－30－30－50－5	303.72	－102.6，73.5	49.18	－1.62
10－3	工－30－30－40－5	518.17	－141.69，101.45	53.71	－1.62
10－3	工－30－30－30－5	1052.5	－215.64，154.24	64.86	－1.62

表 2.20 系 杆 结 构

跨度-拱高/m	肋骨尺寸/mm	结构变形/mm	肋骨应力状态/(MPa，mm)	PC板应力状态/MPa	系杆应力
10－3	工－25－25－40－5	239.84	－123.57，90.32	38.17	8.32
10－3	工－30－30－30－5	418.36	－161.21，118.13	40.08	8.32

表 2.21 固 定 铰 支 拱

跨度-拱高/m	肋骨尺寸/mm	结构变形/mm	肋骨应力状态/(MPa，mm)	PC板应力状态/MPa
10－3	工－25－25－40－5	238.84	－123.61，90.23	38.17
10－3	工－30－30－30－5	417.35	－161.24，118.06	40.08

3. Ⅲ类荷载组合设计

（1）系杆结构，见表 2.22。

（2）固定铰支拱，见表 2.23。

综合以上计算，跨度为 10m 时，最优的拱高为 3m；采用 10mm 规格化阳光板时，工字形复合材料肋骨的合理截面应为 30－30－50－5，肋骨间距不应大于 1m。

在该参数下（跨度 10m，拱高 3m），沿河纵向，结构每延米重 34.764kg；其中阳光板每延米重 20.882kg，FRP 每延米重 13.882kg。

表 2.22　　　　　　　　　　　　　　系　杆　结　构

跨度-拱高 /m	肋骨尺寸 /mm	结构变形 /mm	肋骨应力状态 /(MPa, mm)	PC板应力状态 /MPa	系杆应力
10-3	工-30-30-50-5	556.65	−110.24, 241.61	75.92	−16.566
10-3	工-30-30-60-5	372.397	−84.51, 185.33	73.13	−16.57

对于 10mm 规格化 PC 阳光板，市场价格为 26.5 元/kg（45 元/m²），则结构每延米所需 PC 阳光板费用为 555 元；对于 FRP 复合材料，市场价格为 26 元/kg，则结构每延米所需 FRP 肋骨费用为 360.93 元；合计 915 元/延米，也即 91.5 元/m²。

对于 10m 以上跨径的渠道阳光保温盖板结构设计与优化方法，与上述跨径的设计与优化类似。实际应用中，根据渠道宽度确定相应盖板跨径后，采用上文所述有限元模型建立和分析方法，确定不同荷载组合下阳光板各结构部位的设计尺寸。

表 2.23　　　　　　　　　　　　　　固　定　铰　支　拱

跨度-拱高 /m	肋骨尺寸 /mm	结构变形 /mm	肋骨应力状态 /(MPa, mm)	PC板应力状态 /MPa
10-3	丄-30-30-30-5	1964.68	−232.43, 508.37	100.31
10-3	工-30-30-50-5	565.79	−110.03, 241.73	75.91
10-3	工-30-30-60-5	371.56	−84.27, 185.47	75.13

2.8　试验验证

为了对建立的有限元模型的可靠性进行验证，利用现有的 FRP 拱形肋骨进行简单的实验验证，在拱形的 T 形 FRP 肋骨上安装固定 PC 阳光板，并进行简单的加载实验。拱形肋骨尺寸为：拱跨长 4m，拱高 0.45m，截面尺寸为 T-180-50-50-5（单位：mm）。阳光板宽度 2.1m，长度 6m。

采用 4 根拱肋，从阳光板一端开始，按 1m 间距布置 3 根肋骨形成两跨 1m 间距肋拱结构，在阳光板另一端布置一根用于端部支撑。采用肋条将 4 根肋骨纵向连接保持稳定后，在拱顶范围内均匀布置阳光板，并用尼龙螺栓在 FRP 型材的翼缘处将 PC 阳光板固定；在未采用螺栓固定前，阳光板自重变形最大达 70mm，螺栓固定时稍稍支撑消除该初始变形，如图 2.29 所示。

采用现场的袋装滑石粉作为加载重物，袋装质量标准为 25kg，共使用 8 袋（200kg）分别在拱顶 1m 范围内进行加载，加载时 PC 阳光板板跨中最大变形约 42mm，如图 2.30 所示。

模型计算结果如图 2.31 所示，可以知道模型计算得最大变形为 45mm，变形形态与试验现象一致，数值略有偏差，表明模型可靠性较好。

图 2.29　试验设置

图 2.30　试验加载与测量

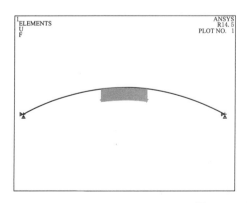
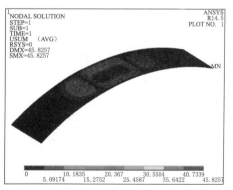

图 2.31　模型计算

2.9 现场应用示范试验

2.9.1 结构拼装及架设

示范段现场制造了典型渠道的保温加盖结构并在现场进行快速安装验证与保温效果的跟踪监测试验。

FRP-PC 阳光板组合结构由 PC 阳光板、FRP 拱肋、纵向联系杆及制作构成。采用宽 2.1m 的 PC 阳光板进行示范，具体尺寸如图 2.32 所示。

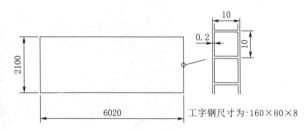

图 2.32 FRP-PC 阳光板组合结构及阳光板尺寸（单位：mm）

FRP 拱肋材料比强度高，可较大减轻结构自重，施工方便，其重量一般为钢材的 20%，其力学性能优良，而且抗腐蚀、抗疲劳性也好，可以在酸、碱、氯盐和潮湿的环境中长期使用。目前根据市场上现有的 FRP 型材，选用跨度 10m、拱高 1.88m 的拱肋，截面形式为类工字形，具体尺寸如图 2.33 所示。

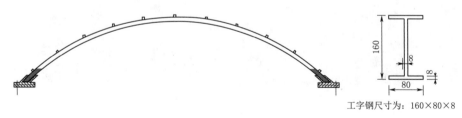

图 2.33 FRP 拱肋及截面

为加大 FRP 拱肋间距以及纵向上失稳，在相邻两根 FRP 拱肋间设置多根 FRP 方管（73mm ×73mm ×6mm）、FRP 方管与 FRP 拱肋交界采用不锈钢螺栓连接。FRP 方管在其中既起到系杆的作用，又起到撑杆的作用，使得两片 FRP 拱肋的纵向稳定性大大提高。支座采用预制方式，直接将 FRP 拱肋的端部与预制支座采用螺栓连接，形成整体，支座处混凝土墩的埋深一般原则是：深度不低于 40cm，宽度不小于 75cm；同时为避免混凝土墩的移动以及抗拔力，将采用锚杆打入土体 1m，压浆灌注固定。

FRP-PC 阳光板组合结构由于其轻量的特点，考虑到使用环境的极端气候，结构主要部件间的连接非常重要。连接时，首先在示范渠道上纵向 10m 内架设 FRP-

PC 阳光板组合结构，该组合结构架设由 4 个 FRP 拱形肋骨、11 根 FRP 直梁、PC 阳光板组成，4 个拱架跨长 10m（以间距 2.5m 沿渠道纵向排布）；然后将 FRP 拱肋端部与地面的固定，最后将其埋深在地下 1m 左右的深度，并在上部压浆灌注固定，如图 2.34 所示。

图 2.34 加盖保温骨架结构组装及支座锚固

PC 阳光板在强风作用下容易从端部被撕裂开，因此 PC 阳光板的固定十分重要。这里采用螺栓与复合材料压条方式固定 PC 阳光板和方管，如图 2.35 所示。

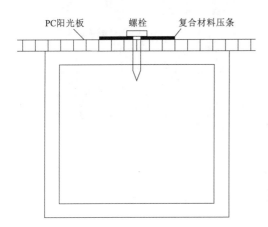
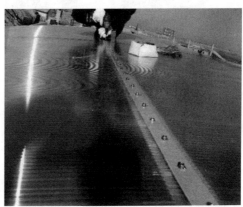

图 2.35 FRP 方管与 PC 阳光板连接

2.9.2 现场监测系统

在示范渠道上纵向 10m 内架设 FRP-PC 阳光板组合结构，该组合结构架设由 4 个 FRP 拱形肋骨、11 根 FRP 直梁、PC 阳光板组成，4 个拱架跨长 10m 以间距 2.5m 沿渠道纵向排布，两侧拱端利用螺栓固定于锚杆固定的混凝土支座上。将 11 根直梁利用自攻螺栓均匀锚固于拱架上部，10 张 PC 阳光板利用自攻螺栓固定于 11 根直梁上部，PC 阳光板之间采用 PC-H 形连接件进行连接并采用 11 条铝压条将阳光板和直梁固定。为了减少冷空气进入拱架结构中，将黑膜固定于左右两拱架上（图 2.36）。

图 2.36　示范现场照片

为了对棚内温度、风场以及拱架的变形进行实时监测，在其内部安装了 2 只温度传感器、1 只风速仪、5 只应变片，并在现场安装了 1 只高清摄像头对棚内水流情况实时监控，现场安装数据采集设备和数据网络传输模块，以实现远程实时监测（图2.37）。

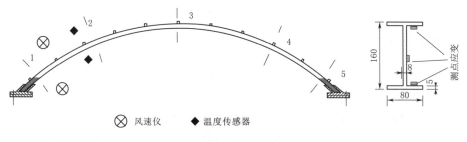

⊗ 风速仪　　◆ 温度传感器

图 2.37　测点布置

根据上述思路，在拱肋对应位置设立测点和布设线路（图 2.38～图 2.41），最后将视频监控连接（图 2.42）。

图 2.38 拱肋所设测点

图 2.39 布线

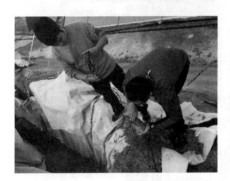

图 2.40 设置导线线路

图 2.41 铺设导线

通过以上描述及其他仪器设备的组合，最终形成远程测试技术系统。目前无线网络技术发展相对成熟，已经在军用与民用等大多数工程中实现了商业化运作，该测试系统将以现有无线通信网络作为数据传输的平台构建整个远程在线测试技术。整个监控系统包括前端传感元件、数据采集设备、无线通信模块、供应商服务

图 2.42 现场监控画面

器以及用户数据存储处理计算机五部分组成，其中前端传感元件包括应变片、温度计、湿度计以及风速仪等，用于感知结构的受力情况、所处盖板的环境温度与湿度，已经测试当地的风速等；采集设备主要包括应变仪与温度、湿度与风速采集仪一体化采集仪，远程无线通信设备采用商业通用模块，集成到两种采集仪上，无线通信网络供应商服务器为数据临时存储设备，用户根据与供应商的相关协议，通过有线或无线的方式从服务器中读取数据，用户终端计算机是整个监控系统面向用户的界面，不仅存储监控数据，而且根据自主开发的软件系统，对监控数据进行处理、识别与图形化显示。整个远程测试技术如图 2.43 所示。

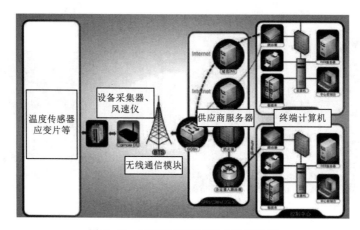

图 2.43　远程在线测试技术整体架构

2.10　试验结果分析

2.10.1　加热保温效果

图 2.44～图 2.47 为各时间段在现场测得的保温加盖结构内外温度对比图。

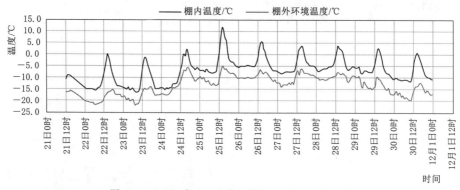

图 2.44　2019 年 11 月盖板结构内外温度对比图
（两端封堵完好）

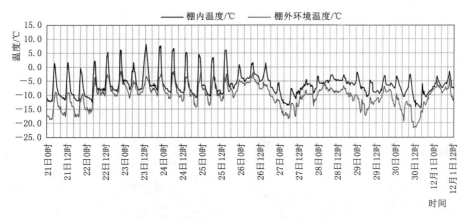

图 2.45 2019 年 12 月盖板结构内外温度对比图
（一端封堵完好，另外一端有一个较大的洞）

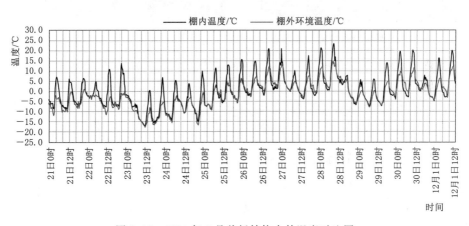

图 2.46 2020 年 3 月盖板结构内外温度对比图
（两端没有封堵）

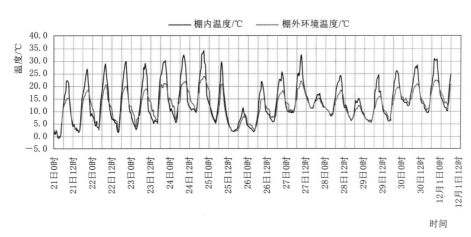

图 2.47 2020 年 4 月盖板结构内外温度对比图
（两端没有封堵）

从实测内外环境温度来看，在两端封堵都基本完好的 11 月、12 月，一天 24h 内保温加盖结构内部温度均高于外部温度，其中白天内外温差在 15℃左右，最大可以达到 18℃，夜晚温差一般都在 5℃左右，从而说明完全封闭保温加盖结构不仅可以在白天起到将渠道进行加温的效果，而且在夜晚也起到了保温效果。但是随着两端封堵的破坏，2020 年 3—4 月的保温加盖结构白天内外温差还是存在的，但是最大值一般只有 10℃左右，夜晚内外温差基本消失，从而说明两端没有封堵的保温加盖结构加热与保温效果均大幅度降低(图 2.48 和图 2.49)。

图 2.48　棚内结冰情况　　　　　　　　　　图 2.49　棚外结冰情况

从示范段监控视频观察结冰情况可见，外部环境温度为−16℃，棚内温度为−2.3℃，内部冰层薄，随着白天内部温度上升，局部开始融化，外部冰层无明显变化（图 2.49），从数据分析可见，示范段保温加盖结构环境温度在−10℃，可以正常供水运营。

由此可见，保温加盖结构是可以起到良好的加热、保温、延迟河道结冰的效果。

2.10.2　长期安全性跟踪监测分析

从以上长周期的监测数据可以看出，保温加盖结构上实测的应变值变化规律（图 2.50～图 2.52）基本和环境温度的变化规律是一致的，即温度降低，构件收缩，实测

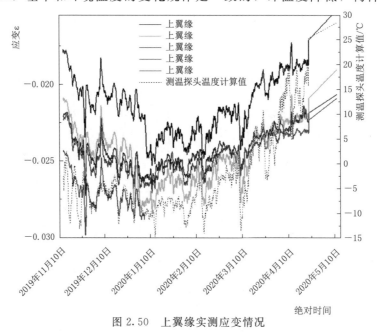

图 2.50　上翼缘实测应变情况

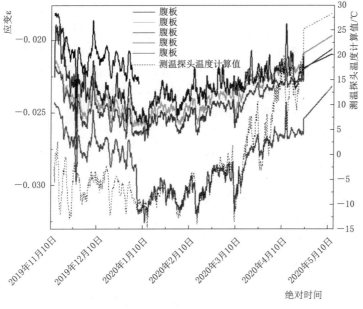

图 2.51 腹板实测应变情况

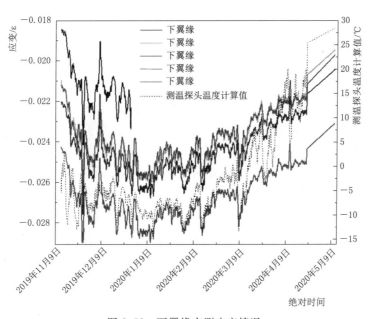

图 2.52 下翼缘实测应变情况

应变绝对值变小；温度升高，构件伸长，实测应变绝对值变大，而且在工字形 FRP 管的上下翼缘与腹板上实测应变变化规律基本一致，说明承载主构件基本处于单向变形状态；但是绝对量值上又不是完全一致，如截至 2020 年 5 月初相对监测初始时期 2019 年 11 月初，环境温度整体上升了约 15℃，但是杆件上实测应变值基本恢复到监测初期的应变值，从而说明结构由于两端约束作用，又不是完全处于自由热胀冷缩状态，结构内部形成了一定的温度应力。近期，项目组对保温加盖结构完整性进行检查，发现经历了一个冬季的河道系统两端临时性封堵措施破坏后，结构整体完整，无肉眼可见变形或开裂、移位现象，说明设计的保温加盖在结构上是安全的，能够抵御恶劣的环境温度、强风与暴雪作用。

2.10.3　小结

通过理论分析及现场拼装和试验，验证了 FRP - PC 阳光板组合结构的可靠性，研究该结构施工方法，建立借助小型吊装机具即可快速安装的快速化施工工艺。设计制造典型渠道的保温加盖结构，并在现场进行安装与保温效果的跟踪监测，经过一个冬季恶劣环境考验，结构完好，保温达到预期效果。该结构其优点为：

（1）能够快速化施工安装，对现河道结构无破坏。

（2）抗腐蚀、抗疲劳性好，可以在酸、碱、氯盐和潮湿的环境中使用期限 10～15 年。

（3）保温性能良好能够提高环境与河道温差夜间为 5～10℃，白天为 10～20℃。

（4）FRP 材料比强度高，其重量一般为钢材的 20%。

（5）本结构设计使用环境中可以承受 80kg/m² 的雪荷载，承受风荷载 12 级，超载系数为 0.35。

2.11　成果总结与评价

针对渠道调控历时长、冰盖形成慢等特点，对国内外加盖保温方案进行调研与论证，通过理论分析、有限元模型仿真、结构试验相结合的研究手段，从结构安全、综合保温、自身重量和成本低等对保温盖板结构和材料进行详细的优化设计。并就高强、高效轻质材料及其用于渠道盖板结构的适用性，FRP - PC 阳光板组合结构体系承载方案等进行优化设计，形成冬季输水渠道刚性加盖保温结构与优化设计方法，并做了室内试验和现场应用示范试验，取得较好的效果。概括来说，形成以下技术：

（1）在确定 FRP - PC 阳光板组合结构作为渠道刚性盖板的基础上，展开方案的详细设计研究，对单独采用阳光板进行保温加盖的结构方案进行结构设计计算，并依据现有的生产能力对方案进行评估，该方案需要对现有的生产模具进行改造，改造成本较高，故没有采用该方案；在此基础上，进行 FRP - PC 阳光板组合结构方案的设计计算，该方案采用市场现有产品进行组合设计，且各项结构指标均能满足要求，方案切实可行。最终通过有限元模拟仿真结合室内试验，形成了渠道刚性加盖保温结构与优化设计方法 1 套。

（2）通过对新材料性能特点和结构形式的分析，结合项目场地情况，形成渠道刚性盖板快速安装方法 1 套。

（3）通过现场应用示范演示试验，建立 1 套远程在线测试技术。通过远程在线测试技术，得到渠道刚性加盖保温结构的试验结果，结果表明：①FRP－PC 阳光板组合结构作为刚性盖板保温结构是可以起到良好的加热、保温、延迟河道结冰的效果，可以正常保障供水；②除两端临时性封堵措施破坏后，FRP－PC 阳光板组合结构整体完整，无肉眼可见变形或开裂、移位现象，结构承载是安全的，能够抵御恶劣的温度环境、强风与暴雪等自然环境。

第 2 章彩图

第3章 渠基土碎石桩地热辅热融冰技术

3.1 技术背景

有关地热利用融冰方面，国内输水工程中尚未有相关研究与应用，本书从水面、建筑物表面直到渠基土内部各个维度的热量传输、收集和储存技术，极大限度地利用当地地热利用。并扩展到渠基土温-汽-液耦合作用与多级相变等方面的应用，为将来节能环保的新型渠道建设和改造提供技术支撑。渠道土温分布不均匀，形成的温度梯度，造成水分迁移和地表热量损失，研究地热提取的碎石桩技术，将有望解决地表温度昼夜变幅大、冻结冻胀严重和渠道衬砌表面覆冰问题。利用该技术建设的未来渠道与渠基地热储存技术结合，实现对热量的有计划蓄集和释放，使渠道具有温度自调节功能，有效减缓冻胀破坏和冰冻灾害。

3.2 国内外研究现状

在碎石换填辅热研究中，多孔介质水热耦合的研究是关键。自从 1856 年 Darcy 定律被提出后，国内外对多孔介质内部的流动与传热问题展开大量的研究。

在国外的研究中，1957 年，Philip&DeVries 最早提出在非等温条件下多孔介质中水分迁移与热量传递的方程。他们的理论认为在恒温状态下，图中的水分迁移动力主要来自水力梯度作用，与 Richard 模型相同。但是，若在非等温条件下，温度梯度也会导致水分迁移运动的产生。1984 年，Milly&Eagleson 将 Philip-De Vries 方程中的水力梯度采用基质势概念代替，得到了考虑水分运移的同时也考虑能量传递的理论模型。1998—2006 年，Rutqvist 等根据质量守恒定律，认为土骨架不变形的情况下，考虑水汽相变与其他变化，建立了多孔介质非等温水-汽两相流模型。2004 年，Kolditz&De Jonge 等基于能量平衡方程，考虑与水热耦合作用，推导出多孔介质的非等温两相流热运移方程。2011 年，Wang 等在前人研究的基础上，对非等温两相流模型以及非等温条件下的 Richard 模型进行验证。结果显示，当多孔介质渗透性较好时，两种方法计算结果比较一致，但是对于低渗透率的多孔介质，温度引起的气压改变将不能忽略不计，因此在低渗透系数的情况下，非等温两相流模型更加合理。

在国内研究中，1988 年，李信等用有限元的方法，对三维饱和-非饱和渗流问题进行数值研究。该研究表明，饱和区和非饱和区的耦合分析能够不考虑自由水面等边界问题，适用于水位变化，降雨和蒸发等因素引起的饱和—非饱和渗流问题。1997 年，陈守义等在进行土坡稳定分析时考虑入渗与蒸发的影响，通过数值模拟计算方法，得出瞬态含水量分布。1999 年，吴宏伟等对非饱和土坡，采用有限元方法研究雨水入渗引起的瞬态渗流场。2014 年，李强等首次将水汽迁移相变的效应定义为锅盖效应。2016 年，罗汀等基于水分迁移系数，分析不同干密度与不同初始含水率以及不同试验时间的水分迁移实验数据。同年，滕继东等结合水汽迁移的物理过程和内在机理，将锅盖效应分为两种情形。2017 年，宋二祥等对路基土体的锅盖效应进行数值模拟与分析。2007 年，程国栋等对封闭碎石层中的气体对流进行数值模拟与实验。2013 年，王文杰等对冻土区渠道换填方冻胀措施效果进行数值模拟，表明碎石换填有效地消减了渠道的冻胀破坏。

3.3　研究内容

传统的渠基碎石桩具有渗漏水收集和排放的功能，提高渠坡土体稳定性等作用。通过理论与试验证明，碎石层底部湿热空气上升速度快，能够有效隔绝冷空气入渗；上升热空气在顶部凝结放热为渠基土体增温。基于此，开发具有集水抗滑辅热的碎石桩技术，对高寒区长距离输水渠道的冰冻害防治具有重要的作用。针对上述问题，基于渠基碎石换填的基本特性，拟通过数值软件模拟研究、模型试验与理论研究相结合，分析多因素对渠基碎石水热耦合及传热传质规律的影响及评价方法。

3.4　技术原理概述

在季节性冻土区为确保输水渠道长期稳定运行以及延长其冬季输水能力，拟采用碎石换填渠基通风辅热来实现渠道衬砌表面冬季融冰与渠基增温的效果。考虑到冬季渠道衬砌表面和渠基深部负温度梯度较大，利用碎石换填后使碎石层底部湿热空气上升速度快，能够有效隔绝冷空气入渗；上升热空气在顶部凝结放热为渠基土体增温效果实现冬季辅热功能，以延长其渠道冬季输水时长。

3.5　碎石层导湿、传热特性室内试验

3.5.1　试验原理

由于渠基碎石桩具有渗漏水收集和排放的功能，提高渠坡土体稳定性等作用。通过理论与试验证明，碎石层底部湿热空气上升速度快，能够有效隔绝冷空气入渗；上升热空气在顶部凝结放热为渠基土体增温。为探明碎石层的传热特性，通过室内试验对不同粒径开放条件和封闭条件下碎石传热效果进行室内试验研究。

3.5.2　试验设备

首先通过室内试验来研究四周封闭绝热、底部边界分别为封闭和开放条件，对不同温度梯度、不同粒径碎石层升温效果和传热机理。通过中国科学院寒区旱区环境与工程研究所冻土室冻结试验系统进行试验，系统可以进行土壤以及粗颗粒的单向冻结试验。试验系

统如图 3.1 所示，系统由四大部分组成，分别为：①试验桶系统；②温度自动控制系统；③水分补给系统；④数据自动采集系统。试验装置实物如图 3.2 所示。

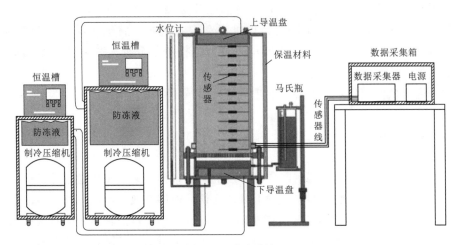

图 3.1　试验系统

图 3.2　试验装置实物

1. 试验桶系统

试验桶采用有机玻璃材质制成，桶身为高20cm，内径 10cm，外径 12cm 的圆柱形构成。桶身前部有直径为 0.3cm 直径孔 10 个，孔洞间距为 1cm，最下部孔洞中心距离底部温度板为0.5cm，最高位置孔洞距离底部 9.5cm，在桶的后方沿着桶壁环形方向分别分布直径为 1cm 的大孔洞，以布置水分探头或者湿度探头，由于桶壁保温性能不够，所以试验时桶壁外有保温棉包裹。

2. 温度自动控制系统

温度自动控制系统总共分为 3 部分，即顶板温度控制系统、底板温度控制系统和恒温箱温度控制系统。其中温度控制装置采用冷域循环装置实现，通过冷液的循环进行温度的自动控制，温度的控制范围为 -30～70℃，温度精度为 0.1℃，冷液为乙二醇防冻液，通过保温导管输送至前端冷板，导热速度快，温度控制精度高，可以大幅缩小前端冷板与冷液的温度差。

3. 水分补给系统

水分补给系统采用马氏瓶补水装置与压力传感器构成，当水位下降时，外部气体因为大气压差进入瓶内，压力传感器可以时时进行水位的检测与基路，而马氏瓶补水装置可以消除因为水自重产生的补水效应，可以在开放系统下进行无压补水，可以模拟真实情况下的水位恒定边界引起的水位迁移变化。

4. 数据自动采集系统

数据采集系统通过传感器系统与采集仪两部分组成，传感器系统由温度传感器、水分传感器、湿度传感器和压力传感器组成。数据采集仪为美国 Campbell 公司生产的 CR3000 数据采集仪。

(1) 温度传感器。温度传感器为中国科学院寒区旱区环境与工程研究所自制，传感器为负温度系数的热敏电阻，通过温度变化所引起的阻值变化来进行温度的测量，温度传感器的测量范围为 $-60 \sim 150℃$，传感器精度为 $0.01℃$，传感器稳定性高测温准确，广泛应用于室内与室外试验，且在青藏高原上大量采用。

(2) 水分传感器。水分传感器为 EC-5 土壤水分传感器，其为电容式的变送器，低电压、低功耗，主要由方波信号噶生电路、RC 充放电电路以及时间电压转换电路组成，土壤中的水分变化会引起电容量的变化，输出电压则会发生变化，而输出电压的变化反应土壤水分的变化。其测量范围为 $\pm 3\% \text{VWC}$，测量精度为 $0.1\% \text{VWC}$，工作温度为 $-40 \sim 50℃$。

(3) 湿度传感器。湿度传感器采用瑞士 Sensirion 公司的 SHT30 温湿度传感器，采用模拟电压输出电压进行湿度测量，测量方法为双压法，工作电压范围为 $2.4 \sim 5.5\text{V}$，湿度范围为 $0 \sim 100\% \text{RH}$，温度范围为 $-40 \sim 125℃$。

(4) 压力传感器。压力传感器与补水马氏瓶顶部链接，通过马氏瓶的进气量进行气压测量，通过气压差确定马氏瓶内的液面变化，测量范围为 $0 \sim 200\text{mL}$，测量精度为 0.1mL。

3.5.3 试验步骤

根据已有文献研究表明，对于土壤冻胀影响的因素众多，一般可以将主要影响因素总结为以下几点：土壤性质、水分条件、温度条件以及外部荷载。冻胀因素中对冻胀量影响最为显著的因素为水分条件，水分是冻胀的根源。对于渠基冻胀情况我们主要分析在不同补水条件下的渠基温度场的分布以及冻结发生后的未冻水变化情况。

主要试验步骤如下：

(1) 晾晒所取的渠基土，通过石碾将干土碾压成粉末状，再将碾压后的土用孔径 2mm 的筛子进行筛分，使土样松散无结块现象。

(2) 根据设计的含水率称取相当质量的水，加水将土样搅拌均匀后用塑料布密封 48h，让土壤含水率分布均匀，然后对制好的土样进行含水量的检测。

(3) 在试样桶底部铺设滤纸，防止土样将补水孔堵塞，并且滤纸可以让补水均匀。然后在桶壁涂抹凡士林，防止桶壁挂土挂水，再将土壤分层填入试样筒内，分层夯实，虚土每填 5cm 后进行夯实，夯实后进行试样桶内的土壤的环刀法取样，取样后重新填土夯实。

(4) 在土样中放置温度传感器以及水分传感器，温度传感器放置 7 个，水分传感器放置 4 个，放置完传感器后打开数据采集系统，观察传感器状态，然后将顶部温度导板压于土样之上，外部包裹保温材料。

3.5.4 试验结果

为了研究粗颗粒碎石材料特性与补水条件对温度场分布的影响，共进行了 8 组试验，试验条件详见表 3.1。前 4 组试验研究了在不补水的情况下，不同粒径石子材料的温度分

布与降温时长，后 4 组试验为补水条件下温度分布与降温时长。试验顶板温度均设定为
－15℃，底板温度设置为－5℃，箱体环境温度固定为 5℃。在进行不补水条件下的试验
时，关闭马氏瓶，进行补水条件试验时，调节马氏瓶和试验桶，使桶中水位与多孔板顶部
平齐。每组试验均降温 20h，以保证最终水分扩散以及温度的稳定。

表 3.1 试 验 条 件 表

编号	材料	初始温度/℃	顶部温度/℃	底部温度/℃	补水条件
S1	Ⅰ号石子	15	－15	5	不补水
S2	Ⅱ号石子	15	－15	5	不补水
S3	Ⅲ号石子	15	－15	5	不补水
S4	Ⅳ号石子	15	－15	5	不补水
S5	Ⅰ号石子	15	－15	5	补水
S6	Ⅱ号石子	15	－15	5	补水
S7	Ⅲ号石子	15	－15	5	补水
S8	Ⅳ号石子	15	－15	5	补水

1. 温度场分析

图 3.3 为不同粒径石子样在不同补水条件下土样各测点温度变化过程，温度监测点与
土样监测点一致，分别距离底部为 0.5cm、1.5cm、3.5cm、4.5cm、5.5cm、8.5cm、
9.5cm 处。从图中可以看出，石子样的初始温度均为 15℃左右，在初期的下降速率较快，
随后趋于稳定。所有石子样的降温趋势与土样的整体趋势基本一致。同样对于石子样看出
所有试样 0.5cm、1.5cm 与 8.5cm、9.5cm 处比中间位置稳定得更早。但是石子样各测点
的温度在降温 6h 后就基本达到了稳定。

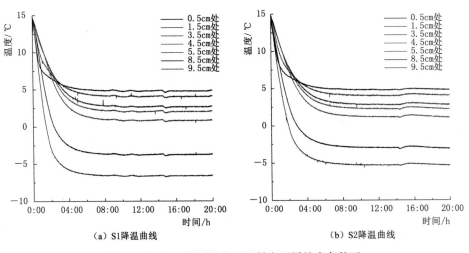

图 3.3（一）　不同粒径石子样在不同补水条件下
土样各测点温度变化过程

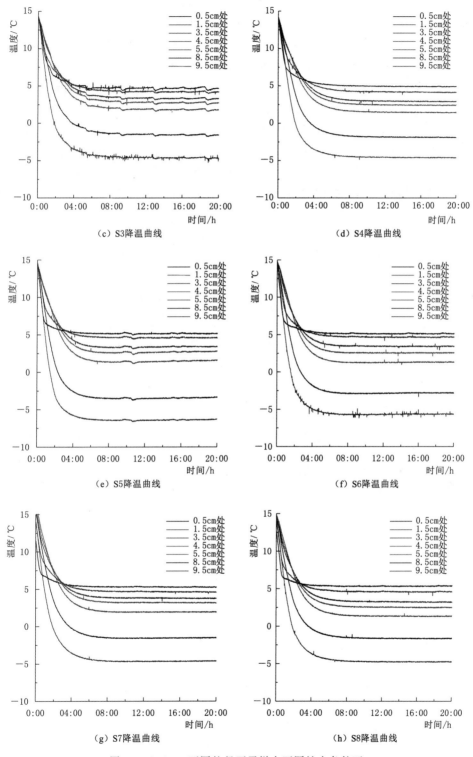

图 3.3（二） 不同粒径石子样在不同补水条件下
土样各测点温度变化过程

　　图 3.4 为不同粒径石子样在不同时间各监测点温度，可以看出，石子样同样存在着与土样相同的中部温度滞后现象，温度滞后最明显的点为 5.5cm 处的测点，可以发现当试样存在补水后温度的滞后现象更加明显，在 5.5cm 处出现明显的温度拐点。所以对于所有试样取 5.5cm 从降温开始到达温度稳定的时间为总的降温时长，对于土样 S1，5.5cm 处温度达到稳定的时间约为 10h，而补水条件下 S2 的降温总时长约为 9.5h。S1～S4 试样同样位置温度达到稳定的时间分别为 6.7h、6.7h、5.7h 与 6.7h，而 S5～S8 的温度稳定时间分别为 6.2h、6.3h、5.1h、6.5h。这是由于土样中水分的影响以及土样的密实度较高，所以土样降温基本以热传导为主，其降温时长较长。在碎石样中，因为石样的孔隙远大于黏土样孔隙，而且在温度梯度的影响下石样中不但有热传导作用，同时也可能会有空气对流对温度的影响，所以石样的降温时长小于黏土样，且对于Ⅲ号石子的降温时长还是有所缩短。

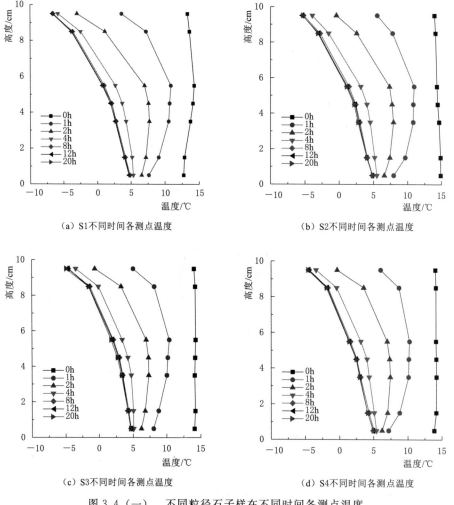

（a）S1不同时间各测点温度

（b）S2不同时间各测点温度

（c）S3不同时间各测点温度

（d）S4不同时间各测点温度

图 3.4（一）　不同粒径石子样在不同时间各测点温度

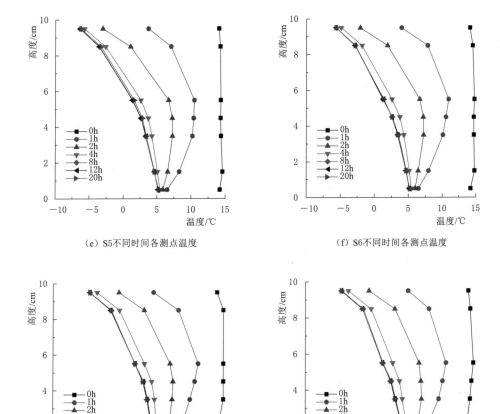

（e）S5不同时间各测点温度　　　　　　　　　　（f）S6不同时间各测点温度

（g）S7不同时间各测点温度　　　　　　　　　　（h）S8不同时间各测点温度

图 3.4（二）　不同粒径石子样在不同时间各测点温度

2. 水分场分析

由于渠道衬砌板冻胀的一部分原因也是由于水汽迁移造成的，该效应被定义为"锅盖效应"。因此采用换填后，在同样试验条件下，研究石子样的补水量与土壤补水量的区别也可以对碎石换填方法对于水汽迁移的改善效果进行评价，如果换填后可以有效减少水量补给则可以减少上部自由水增多的现象，从而减轻冻害现象。

图 3.5 给出了 4 组石子样试验补水量与时间的关系曲线，从图中可以观察到，4 组石子样的补水速率也基本可以分为两个阶段：第一阶段（0～6h）补水速率较大，第二阶段，即在 6h 后补水速率逐渐下降，曲线斜率基本保持不变。对于第一阶段补水速率较大的原因是 4 组石子样在试验进行前均进行烘干处理，所以石子含水率很低，当处于补水环境后，环境湿度增加，石子样快速吸收空气中的水分，导致试样内湿度降低，但是由于温度高于该湿度下的饱和温度，所以补水系统水分迅速蒸发进行空气湿度的补给。当环境湿度达到稳定后，则水分补给量下降，补水曲线趋于平缓。观察 4 组试验

65

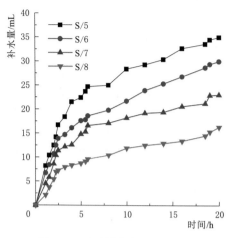

图 3.5　石子样补水试验的补水曲线

的补水量，可以发现对于粒径较小的Ⅰ号石子其补水量最大，而粒径最大的Ⅳ号石子补水量最小，这说明补水量的大小与石子粒径直接相关，这是因为Ⅰ号石子因为其粒径最小，但是比表面积最大，其对于空气中水分吸收的能力最强，同时当水分吸收后，由于常温蒸发现象的产生，其水分蒸发含量也最大，而Ⅳ号石子因为其颗粒直径最大，比表面积最小，所以其水分吸收能力以及水分蒸发能力也最小，从而导致水分补给量最小。同时观察补水曲线两个斜率的拐点可以发现，粒径最大的Ⅳ号石子其拐点也最靠前，这也是由于其颗粒直径以及比表面积造成的。

试验中湿度测定采用 Sensirion 公司的 SHT30 温湿度传感器，湿度数据每间隔 1min 采集一次，湿度探头的分布高度与土壤试验中的水分探头分布高度相同，分别为 0.5cm、3.5cm、6.5cm 以及 9.5cm。采用换填技术后，空隙中水湿度是上部自由水的主要来源，因此换填后渠道上衬砌的冻胀也是由于湿度变化造成的，因此对于换填后试样的湿度分布情况对于碎石换填效果的评价是非常重要的指标。

图 3.6 给出了 S5～S8 试验中石子样补水试验不同高度湿度变化曲线，图中可以看出对于不同粒径的石子样，3.5cm、6.5cm 以及 9.5cm 湿度变化过程为先上升后下降然后再上升，最后趋于稳定的过程。而对于最下部 0.5cm 的测点，湿度变化过程为迅速上升到 100% 附近达到稳定。由于下部湿度传感器距离补水口较近，水汽的补给会使底部空气中的水分迅速达到饱和，所以湿度稳定在 100% 左右。其他 3 个温度测点湿度开始的上升阶段是由于空气中湿度迅速进入探头内部，从而使探头湿度迅速提高，曲线的最高点为适度探头对于空气初始湿度测定稳定的时间点。

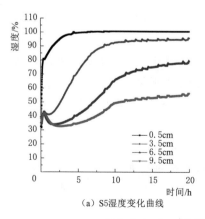

（a）S5湿度变化曲线

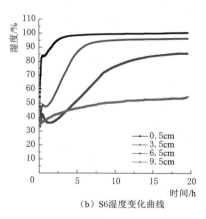

（b）S6湿度变化曲线

图 3.6（一）　石子样补水试验的湿度变化曲线

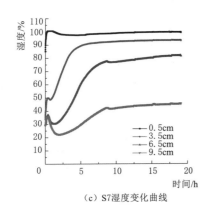

（c）S7湿度变化曲线

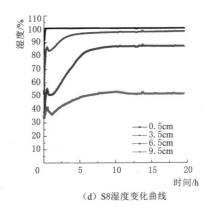

（d）S8湿度变化曲线

图 3.6（二） 石子样补水试验的湿度变化曲线

观察 4 组试样顶部湿度最终数据，可以发现，对于不同粒径的石子样，其顶部湿度在试验结束时的数据分别为 56%、54%、41% 以及 51%，根据前面的数据，可知 4 组试样降温时顶部的最后温度分别为 -6.35℃、-5.63℃、-4.62℃ 以及 -4.76℃，根据饱和蒸汽原理相同湿度情况下，温度越低其空气中水分含量越高，因此可以看出对于换填石子样，当等效粒径为 1.5cm 时其对于减少水汽迁移量具有很好的效果。而 4 组试样底部湿度变化过程也分为两种类型，S7、S8 两组试验在刚开始阶段底部湿度就达到了 100%，而 S5、S6 在经过了一段时间后才到 100%。对于中部两个湿度测点，也可以看出，S7 的最终湿度要低于其他 3 组试验。

对于实际冬季运行渠道，说明当采用合适粒径石子换填料可以有效地减小下部水汽的向上迁移，最大程度减轻"锅盖效应"的发生对于渠道产生的冻胀破坏。

3. 试验现象

图 3.7 给出了试验结束时的照片，从图中可以看出，四种试样试验结束时，均出现了干湿两个部分，所有试样上部均保持了干燥，而下部石子产生了湿润的现象。这说明采用石子换填后可以保证上部空气的干燥，放置水汽的大量向上部迁移。同时，观察 4 组试验不同的浸润高度，S5 在试验结束时的浸润高度为 6.5cm 左右，S6~S8 结束时浸润高度分别为 6.3cm、5.0cm 以及 5.2cm，可以发现在相同补水条件下，石子的粒径对于水分迁移结露，并且保持自由水产生位置具有不同的效果。颗粒越小时，由于颗粒的比表面积较大，所以其表面所结合的水汽含量越高，而当石子可以达到最优直径时（本试验中为 1.5cm），可以有效地减少水汽的迁移。

（a）S5

（b）S6 （c）S7

（d）S8

图 3.7 石子样补水试验结束时照片

3.5.5　主要结论

针对换填石子样进行不同补水条件下的单向冻结试验，模拟渠道在换填后行水以及不行水工下渠基的温度分布以及水汽迁移状况，得到不同粒径在不同条件下的温度分布以及补水情况下石子样中的湿度分布情况，分析粒径对于不同补水条件下的温度的改善情况，并分析在不同粒径影响下，水汽量沿高度方向变化的规律。初步可以得到以下的结论：

（1）石子换填样在单向冻结情况下，温度变化曲线与渠基土试样的降温规律基本一致，但是石子样从降温开始到稳定的时间要小于渠基土试样，同样，石子样在降温过程中也表现出了温度滞后效应。

（2）不同粒径石子样在不同补水条件下，最终温度规律基本一致，同一粒径试样在两种补水条件下，上部温度基本没有改变，但是由于下部水分凝结相变的产生，补水条件下的温度高于不补水的情况。

（3）补水条件下的 4 组石子样的补水量规律基本一致，不同粒径试样的补水量有所区别，在同一试验条件下，颗粒粒径越大的试样补水量越少。

（4）不同粒径的补水试验，最终湿度变化有所区别，对于底部靠近补水位处的湿度，4 组试验的最终结果均在 100% 左右，但是对于水汽迁移引起的顶部湿度分布，4 组试验有所不同，颗粒等效直径为 1.5cm 的试样顶部湿度最低，湿度为 41%，颗粒最小的试样顶部湿度为 56%。石子样试验结束后，试样在高度方向呈现两种干湿不同的现象，上部保持干燥，下部有水分浸润。

（5）对比石子样与渠基土降温的最终温度结果发现，石子换填后在不同补水条件下的温度均高于相同试验条件下的土样。不补水时，石子样顶部温度比土样平均高 5℃，而补水条件下，石子样顶部温度比土样温度平均高出 7℃。这说明渠道进行碎石换填可以有效地提高渠基温度，减小冻胀破坏的发生。

碎石换填料在单向冻结试验下温度变化规律与渠基土类似，但降温时长较渠基土时长略短，不同颗粒下整体温度场不同，这是由于碎石所形成的多孔介质产生了热对流效应。碎石样降温试验后的温度场明显高于渠基土试样，不补水条件下平均高出 5℃，补水条件下平均高出 7℃。颗粒直径越大温度提高效果越明显，石子样在不同补水条件下，上部温度改变不明显，但补水时下部温度明显提高。碎石填料在补水试验后出现了干湿分层，说明碎石样有明显阻止水汽迁移的效果，可以防止"锅盖效应"的发生。

3.6　碎石槽优化设计及数值模型建立

3.6.1　数学模型与控制方程

考虑不同介质间传热传质特性的差异，因此根据介质不同分为空气区域、碎石区域和土层区域三个区域进行研究，其中碎石区域可以看成是多孔介质区。为了简化计算，作如下基本假设：①气体不可压缩，符合 Boussinesq 假设；②多孔介质与其内部流体处于局部热平衡状态；③忽略路堤长度方向的不均匀效应，简化为横断面方向的二维各向同性问题。基于以上基本假设，各区域控制方程表述如下。

1. 空气区域

该区域为流体区，采用如下控制方程：

（1）连续性方程：

$$\frac{\partial v_x}{\partial x} + \frac{\partial v_y}{\partial y} = 0 \tag{3.1}$$

式中：v_x、v_y 分别为空气在 x 和 y 方向上的质点速度分量。

（2）动量方程：

$$\rho \frac{\partial v_x}{\partial t} + \rho \left(\frac{\partial (v_x v_x)}{\partial x} + \frac{\partial (v_y v_x)}{\partial y} \right) = -\frac{\partial p}{\partial x} + \mu \left(\frac{\partial^2 v_x}{\partial x^2} + \frac{\partial^2 v_x}{\partial y^2} \right) \tag{3.2}$$

$$\rho \frac{\partial v_y}{\partial t} + \rho \left(\frac{\partial (v_x v_y)}{\partial x} + \frac{\partial (v_y v_y)}{\partial y} \right) = -\frac{\partial p}{\partial y} + \mu \left(\frac{\partial^2 v_y}{\partial x^2} + \frac{\partial^2 v_y}{\partial y^2} \right) - \rho_a g \tag{3.3}$$

式中：μ 为空气的动力黏度；ρ 为空气密度；p 为空气压力。

（3）能量方程：

$$\rho C_p \frac{\partial T}{\partial t} = \frac{\partial}{\partial x} \left(\lambda_a \frac{\partial T}{\partial x} \right) + \frac{\partial}{\partial y} \left(\lambda_a \frac{\partial T}{\partial y} \right) - \rho C_p \left(\frac{\partial (v_x T)}{\partial x} + \frac{\partial (v_y T)}{\partial y} \right) \tag{3.4}$$

式中：C_p、λ_a 为空气的定压比热、导热系数。

2. 碎石区域

由于块碎石层为高渗透率多孔介质区，其内部流体运动方式为非稳态的非等温渗流，控制方程组为连续性方程、动量方程和能量方程：

（1）连续性方程：

$$\frac{\partial v_x}{\partial x} + \frac{\partial v_y}{\partial y} = 0 \tag{3.5}$$

式中：v_x、v_y 分别为空气在 x 和 y 方向上的渗流速度分量。

（2）动量方程：

$$\frac{\partial p}{\partial x} = -\frac{\mu}{k} v_x - \rho B |v| v_x \tag{3.6}$$

$$\frac{\partial p}{\partial y} = -\frac{\mu}{k} v_y - \rho B |v| v_y - \rho_a g \tag{3.7}$$

式中：$|v| = (v_x^2 + v_y^2)^{1/2}$；$B$ 为非达西流的 Beta 因子（惯性阻力系数）；k 为多孔介质渗透率；μ 为空气的动力黏度；ρ 为空气密度；p 为空气压力；$\rho B |v| v_x$ 为惯性损失项。

（3）能量方程：

$$C_e^* \frac{\partial T}{\partial t} = \frac{\partial}{\partial x} \left(\lambda_e^* \frac{\partial T}{\partial x} \right) + \frac{\partial}{\partial y} \left(\lambda_e^* \frac{\partial T}{\partial y} \right) - \rho C_p \left(\frac{\partial (v_x T)}{\partial x} + \frac{\partial (v_y T)}{\partial y} \right) \tag{3.8}$$

式中：C_p 为空气的定压比热；C_e^*、λ_e^* 分别为介质的等效体积热容、等效导热系数。

考虑空气是不可压缩的，但其密度 ρ_a 是温度的函数，为了简化分析，使用 Boussinesq 假设。即只有重力项中的空气密度是可变的，可表示为

$$\rho_a = \rho_0 [1 - \beta (T - T_0)] \tag{3.9}$$

式中：β 为空气的热膨胀系数；ρ_0、T_0 分别为空气密度和温度的参考值。

3. 土层区域

由于土层的渗透率远小于块碎石层，并且土体在冻结和融化过程中热传导项远大于对流项（约 2~3 个数量级），故在计算中忽略了对流、质量迁移等其他作用，只考虑土骨架和介质水的热传导及冰水相变作用，其传热控制方程可简化为如下形式：

$$C_e^* \frac{\partial T}{\partial t} = \frac{\partial}{\partial x}\left(\lambda_e^* \frac{\partial T}{\partial x}\right) + \frac{\partial}{\partial y}\left(\lambda_e^* \frac{\partial T}{\partial y}\right) \tag{3.10}$$

在计算中对于含水介质中相变潜热问题采用显热容法进行处理，假设模型中含水介质相变发生在温度区间（$T_m \pm \Delta T$）。当建立等效体积热容时，应考虑温度间隔 ΔT 的影响，同时假设介质在已冻、未冻时的体积热容 C_f 和 C_u 及导热系数 λ_f 和 λ_u 不取决于温度，因此简化构造出 C_e^*、λ_e^* 的表达式如下：

$$C_e^* = \begin{cases} C_f & T < (T_m - \Delta T) \\ \dfrac{L}{2\Delta T} + \dfrac{C_f + C_u}{2} & (T_m - \Delta T) \leqslant T \leqslant (T_m + \Delta T) \\ C_u & T > (T_m + \Delta T) \end{cases} \tag{3.11}$$

$$\lambda_e^* = \begin{cases} \lambda_f & T < (T_m - \Delta T) \\ \lambda_f + \dfrac{\lambda_u - \lambda_f}{2\Delta T}\left[T - (T_m - \Delta T)\right] & (T_m - \Delta T) \leqslant T \leqslant (T_m + \Delta T) \\ \lambda_u & T > (T_m + \Delta T) \end{cases} \tag{3.12}$$

式中：L 为含水介质单位体积相变潜热。

对于上述方程中块碎石层的渗透率 k 和惯性阻力系数 B 的确定，本书采用如下公式：

$$k = \frac{d_p^2 \varphi^3}{180(1 - \varphi)} \tag{3.13}$$

$$B = \frac{\alpha(1 - \varphi)}{d_p \varphi^3} \tag{3.14}$$

式中：d_p 为介质的有效平均粒径；φ 为介质的孔隙率；α 为与介质形状特征有关的参数，研究表明当石块平均粒径小于 15cm 时，α 取 1.75，当石块平均粒径大于 15cm 时，α 取 1.32。

（1）边界条件：

1）流体入流边界：

$$v_x\big|_{A1} = v_{x0}, \ v_y\big|_{A1} = v_{y0}, \ T\big|_{A1} = T_{f0} \tag{3.15}$$

2）流体出流边界：假设该边界流动与换热均已充分发展，故有

$$\frac{\partial v_x}{\partial n}\bigg|_{A2} = 0, \quad \frac{\partial v_y}{\partial n}\bigg|_{A2} = 0, \quad \frac{\partial T}{\partial n}\bigg|_{A2} = 0 \tag{3.16}$$

3）固体边界：

$$v_x\big|_{A3} = 0, \quad v_y\big|_{A3} = 0, \quad T\big|_{A3} = T_{s0}\left(\text{或} -\lambda \frac{\partial T}{\partial n}\bigg|_{A3} = q\right) \tag{3.17}$$

（2）初始条件：

$$v_x\big|_{t=0} = v_x^0, \quad v_y\big|_{t=0} = v_y^0, \quad T\big|_{t=0} = T^0, \quad p\big|_{t=0} = p^0 \tag{3.18}$$

式中：q 为热流密度；A 表示边界；n 为各边界的法向矢量。

由于求解式（3.1）～式（3.10）是一个强非线性问题，无法求得解析解，故计算中采用数值计算方法：首先利用有限体积法对以上控制方程组进行空间和时间上的离散，然后结合相应的边界条件，在每个时间步 Δt 内采用逐次亚松弛迭代法对这些离散的耦合代数方程进行求解，收敛判别条件为计算中各变量相邻两次迭代值之差足够小（根据计算精度而定），以上三个区域同时进行求解得到每个时间步的数值解，直到获得所需时间步的解为止。

3.6.2 数值模型建立与应用

以我国新疆阿勒泰地区阿克达拉水利工程博塔玛依灌区（额尔齐斯河北屯输水工程）支渠试验断面 49+320 为研究对象，对本书中建立的碎石槽换填渠基计算模型进行检验。该试验段渠道上口宽 8.6m，下口宽 1m，长 102.9m，渠深 2.15m，断面尺寸如图 3.8 所示。

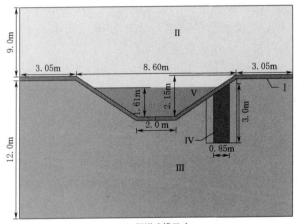

（a）渠道建模尺寸　　　　　　　　　　（b）试验段渠道现场照片

图 3.8　新疆北屯灌区碎石辅热融冰渠道示范断面（49+320）

（注：Ⅰ区域—衬砌混凝土；Ⅱ区域—空气层；Ⅲ区域—渠基土；Ⅳ区域—换填碎石；

Ⅴ区域—渠内行水）

新疆北屯灌区空气的各种参数取值为：定压比热 $C_p=1.004$kJ/（kg·℃），导热系数 $\lambda_a=0.02$W/（m·℃），密度 $\rho=0.641$kg/m³，动力黏度 $\mu=1.75\times10^{-5}$kg/（m·s）。根据现场观测资料（2.10 节），对计算域 [图 3.8] 的热边界条件进行如下设定。

气温变化规律为

$$T_a = 4.17 + 21.05\sin\left(\frac{2\pi}{359.61}t_h + \frac{\pi}{2.95} + a_0\right) \qquad (3.19)$$

式中：t_h 为时间变量，当 $\alpha_0=0$ 时，$t_h=0$ 对应的初始时间为 5 月 15 日，可通过调整 α_0 来改变 $t_h=0$ 对应的初始时间。

模型中区域Ⅰ为 C20 衬砌混凝土，衬砌厚度 0.20m；区域Ⅱ为外界空气层，定压比热 $C_p=1.004$kJ/（kg·℃），导热系数 $\lambda_a=0.02$W/（m·℃），密度 $\rho=0.641$kg/m³，动力黏度 $\mu=1.75\times10^{-5}$kg/（m·s）；区域Ⅲ为渠基土，土质为强风化泥岩；区域Ⅳ为换填

碎石层，平均粒径为 10cm，渗透率为 $1.58\times10^{-6}\,\mathrm{m}^2$，惯性阻力系数 $B=840.32\mathrm{m}^{-1}$；区域 V 为渠内行水，它们的物理参数见表 3.2。

表 3.2　渠道结构中各介质的物理参数

介质	$\lambda_f/[\mathrm{W/(m\cdot K)}]$	$C_f/[\mathrm{J/(m^3\cdot K)}]$	$\lambda_u/[\mathrm{W/(m\cdot K)}]$	$C_u/[\mathrm{J/(m^3\cdot K)}]$	$L/(\mathrm{J/m^3})$
衬砌混凝土	1.580	700	1.580	700	—
块碎石	0.387	1.015×10^6	0.387	1.015×10^6	—
强风化泥岩	1.824	1.846×10^6	1.474	2.099×10^6	3.77×10^7
水/冰	0.55	4.2×10^6	2.22	2.1×10^6	3.33×10^7

3.6.3　试验和数值模拟结果

图 3.8（a）为输水渠道横断面结构模型尺寸，渠深 2.15m。由于外界风对该种渠道形式温度场影响较小，故计算中未考虑大气风场的影响。为了研究当地年气候变化对渠道基土传热特性的影响，以下对其进行 6 种工况渠道示范措施进行计算分析（表 3.3）。考虑到衬砌渠道几何及边界条件的对称性，只取其 1/2 作为研究对象。

表 3.3　衬砌渠道计算工况分类

工况分类	渠基换填	槽底辅热	渠内加盖	多孔介质自然对流	传热形式
工况 1	无换填措施	—	无加盖	—	对流＋辐射（大气-衬砌） 热传导（衬砌-渠基土）
工况 2	无换填措施	—	加盖	篷内空气自然对流	对流＋辐射（大气-篷盖-衬砌） 对流＋辐射（大气-衬砌） 热传导（衬砌-渠基土）
工况 3	碎石换填槽	无辅热	无加盖	多孔介质内自然对流	对流＋辐射（大气-篷盖-衬砌） 对流＋辐射（大气-衬砌） 对流＋传导（换填槽） 热传导（衬砌-渠基土）
工况 4	碎石换填槽	加辅热	无加盖	多孔介质内自然对流	对流＋辐射（大气-篷盖-衬砌） 对流＋辐射（大气-衬砌） 对流＋传导（换填槽） 热传导（衬砌-渠基土）
工况 5	碎石换填槽	无辅热	加盖	篷内空气自然对流 ＋多孔介质内自然对流	对流＋辐射（大气-篷盖-衬砌） 对流＋辐射（大气-衬砌） 对流＋传导（换填槽） 热传导（衬砌-渠基土）
工况 6	碎石换填槽	加辅热	加盖	篷内空气自然对流 ＋多孔介质内自然对流	对流＋辐射（大气-篷盖-衬砌） 对流＋辐射（大气-衬砌） 对流＋传导（换填槽） 热传导（衬砌-渠基土）

通过对新疆北屯灌区示范渠道6种工况的融冰措施进行全年段数值分析（2020年5月至2021年5月），可得以下结论：由图3.9分析结果可知，在渠道水面-衬砌交界线处当无任何措施时（即为工况1），预测该处初始结冰时间为2020年11月1日，初始融冰时间为2021年3月24日，计算水面冻结时间为143.1d；当考虑表面加盖措施时（即为工况2），预测渠道水面-衬砌交界线处初始结冰时间为2020年11月16日，初始融冰时间为2021年3月27日，计算水面冻结时间为131.2d；当考虑渠基有碎石换填槽措施时（即为工况3），预测渠道水面-衬砌交界线处初始结冰时间为2020年11月6日，初始融冰时间为2021年3月15日，计算水面冻结时间为128.8d；当考虑渠基有碎石换填槽＋槽底辅热措施时（即为工况4），预测渠道水面-衬砌交界线处初始结冰时间为2020年11月9日，初始融冰时间为2021年3月12日，计算水面冻结时间为123.5d；当考虑渠基有碎石换填槽＋加盖措施时（即为工况5），预测渠道水面-衬砌交界线处初始结冰时间为2020年12月6日，初始融冰时间为2021年2月21日，计算水面冻结时间为78.5d；当考虑渠基有碎石换填槽＋加盖措施＋槽底辅热措施时（即为工况6），预测渠道水面-衬砌交界线处初始结冰时间为2020年12月22日，初始融冰时间为2021年2月7日，计算水面冻结时间为46.4d。

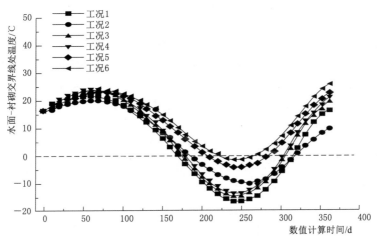

图3.9 考虑6种工况对示范渠道水面-衬砌
交界线处温度影响

由图3.10分析结果可知，考虑6种工况对于渠道水面-衬砌交界线下基土冻结影响时，当无任何措施时（即为工况1），预测渠道水面-衬砌交界线下基土初始冻结时间为2020年11月17日，初始融化时间为2021年3月25日，计算渠基土冻结时间为128.1d；当考虑表面加盖措施时（即为工况2），预测渠道水面-衬砌交界线下基土初始冻结时间为2020年12月3日，初始融化时间为2021年3月29日，计算渠基土冻结时间为116.6d；当考虑渠基有碎石换填槽措施时（即为工况3），预测渠道水面-衬砌交界线下基土初始冻结时间为2020年12月11日，初始融化时间为2021年2月14日，计算渠基土冻结时间为64.7d；当考虑渠基有碎石换填槽＋槽底辅热措施时（即为工况4），预测渠道水面-衬砌交界线下基土初始冻结时间为2021年1月8日，初始融冰时间为2021年1月12日，计算水面冻结时间为 3.6d；当考虑渠基有碎石换填槽＋加盖措施时（即为工况 5），预测渠道水面-衬砌交界线下基土不发生冻结；当考虑渠基有碎石换填槽＋加盖措施＋槽底辅热措施时（即为工况 6），预测渠道水面-衬砌交界线下基土不发生冻结。

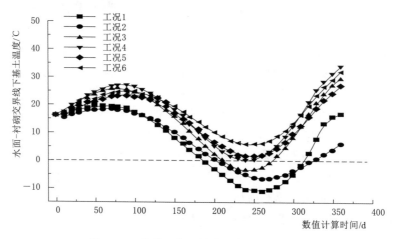

图 3.10　考虑 6 种工况对示范渠道水面-衬砌
交界线下基土温度影响

综上所述，通过对比 6 种渠道模型工况，渠基换填碎石地热融冰技术均有较好的融冰效果：工况 3 较工况 1（无措施对比工况）水面总冻结时间缩短 14.3d，且冬季延长供水时间 5d；考虑冬季碎石换热后在衬砌表面散热较快，增加"加盖"措施达到衬砌表面"冬季储热"效果，工况 5 较工况 3 水面总冻结时间缩短 50.3d，且冬季延长供水时间 30d；工况 5 较工况 1 水面总冻结时间缩短 64.6d，且冬季延长供水时间 36d，以上证明了综合考虑"碎石换填＋加盖"措施的示范有效性。考虑对碎石槽槽底加热可增强对碎石换热效果，在槽底增加人工热源，工况 6 较工况 1 水面总冻结时间缩短 96.7d，且冬季延长供水时间 56d；工况 4 较工况 1 水面总冻结时间缩短 19.6d，且冬季延长供水时间 8d，以上证明了综合考虑"碎石换填＋槽底辅热"措施的有效性，且综合考虑"碎石换填＋槽底辅热＋加盖"措施对延长冬季行水时长效果最佳。

3.7　成果总结与评价

本节主要针对北疆冬季输水渠道碎石换填地热融冰及渠基辅热抗冻性开展的研究。以室内试验、现场示范监测和数值模拟为主要研究手段，对碎石换填渠基的辅热机理和融冰效果进行研究。通过建立的计算模型，以数值模拟的方法对研究提出的 6 种示范融冰工况进行碎石渠基结构速度场和未来温度场进行分析，得到将来 6 种融冰方式的整体对比结果，以期为寒区冬季输水工程提供理论支持与技术指导。

3.7.1　研究效果评价

经模型计算分析可知：该灌渠冬季输水时水面冻结时间为 143.1d，通过渠基换填碎石后，水面总冻结时间缩短 14.3d，且冬季延长供水时间 5d，证实渠基换填碎石地热融冰技术具有较好的融冰效果。

3.7.2 适用性评价

在"普通碎石地热融冰"研究基础上，对模型进行改进，考虑冬季碎石换热后在衬砌表面散热较快，增加"加盖"措施达到衬砌表面"冬季储热"效果，提出"碎石地热融冰的加盖后措施"，最多可将水面总冻结时间缩短 64.6d，且冬季延长供水时间 36d；考虑对碎石槽槽底加热可增强对碎石换热效果，在槽底增加"人工热源"，最多可将水面总冻结时间缩短 96.7d，且冬季延长供水时间 56d；以上证明了考虑"碎石换填＋加盖"和"碎石换填＋槽底辅热"措施的有效性，且综合考虑"碎石换填＋槽底辅热＋加盖"措施对延长冬季行水时长效果最佳。

第 3 章彩图

第 4 章　渠基土光热蓄集融冰技术

4.1　技术背景

我国新疆北疆地区气候寒冷，为防止渠道冻胀、冰凌、冰塞等灾害的出现，当地大部分引水渠道仅在 5—11 月未结冰时运行。但是随着新疆地区经济的快速发展，当地对水资源的需求量不断增加，这大大限制了当地生产生活的发展。如何延长冬季渠道输水时长，提高输水效率成为此类工程研究的热点之一。

新疆地区太阳能资源十分丰富，大气稀薄，晴天多，光照强，年日照时数为 2550～3500h，日照百分率为 60％～80％。同时，太阳能作为一种天然能源，具有储量充裕且无污染性等得天独厚的优势，已经成为未来全球重点开发利用的能源之一。

针对新疆寒区冬季输水渠道，得到保障冬季渠道行水防冻害的基土蓄热辅热系统。该系统将地表太阳辐射热收集储存于寒区渠道基土内，使之缓慢释放，可以最大效率利用冬季有限的太阳辐射热量，对渠道土体和渠内水体进行辅热，防治冬季运行渠道边壁结冰，渠道冻胀，提高冬季渠道行水运行时间。

4.2　国内外研究现状

国外对太阳能集热供暖技术研究的比较早。早在 1950 年，美国麻省理工学院便针对太阳能供暖这个课题展开了学术讨论会进行研究。伴随着人们对太阳能技术研究的不断深入，太阳能集热蓄热技术从理论实验阶段慢慢跨入应用阶段。

直到 20 世纪能源危机的出现，太阳能以其无污染、可直接开发利用等优势被各国相继研究，太阳能集热供暖技术也开始获得充分的发展进步。在 1985 年，随着对太阳能技术的不断研究，法国动手探究太阳能组合系统，并推出"直接太阳能地板系统"。随后，在奥地利、丹麦、芬兰、德国、瑞士、荷兰等欧洲国家对不同形式的太阳能组合系统进行研究和设计。随着每年太阳能供暖技术的不断发展更新，常规能源在消耗的比重在不断降低，减少至 30％左右。因此近年来，越来越多的国家积极开展太阳能集热与建筑节能相结合的研究工作。

20 世纪 50 年代，太阳能与地源热泵联合运行的构思被美国学者彭罗德提出。同时，太阳能热泵以其独特的优势被太阳能热利用的先驱们所指出。然后日本、美国等发达国家着手对太阳能热泵开展更进一步的探究，并不断与建筑节能技术相结合。

2005 年，适用于住宅和小型建筑的低容量单级太阳能热源吸收式热泵（AHP）通过欧洲各研究机构和相关行业的共同协作被研究出来。2004 年，土耳其太阳能研究所设计的太阳能辅助地源热泵温室加热系统，在土耳其的农业部门具有重要的经济潜力。其研究的太阳能辅助地源热泵温室加热系统能够有效促进农作物的健康生长。可以清楚地预测该系统的有效利用将对在土耳其现代温室中起到主导作用。2006 年，Valentin Trillat-Berdal 将地源热泵与热太阳能集热器结合用于生产生活热水，并对该组合系统的不同配置进行数值模拟，以确定其在能源、经济和环境性能方面的最佳配置。

随着太阳能辅助地源热泵技术与住房、隧洞、道路等不同功能的建筑结合应用，快速发展的技术带来了巨大的经济收益。随着太阳能热泵技术在发达国家的发展推广，一些国外的发展中国家也开始探索太阳能热泵技术的应用。

我国对太阳能热利用技术和地源热泵技术的研究起步均较晚，严重影响我国太阳能地源热泵一体化供热技术的发展和研究。目前我国对该项技术的研究仍处于初始阶段，但人们已经注意到了其良好的发展前景。

天津商学院是我国第一个研究太阳能地源热泵综合供暖技术的实验单位，其测得该系统总体平均单位功率制热量（COP）为 2.78。随后，我国开始对太阳能热泵进行进一步的实验和理论研究，在天津大学、上海交通大学等高等院校相继取得了显著的成绩。以上成功实例为该技术在寒冷地区的发展应用提供了坚实的理论基础。同时，哈尔滨工业大学在哈尔滨市松北区成功建成了太阳能热泵供热工程。

近年来，国内不断提出新的构思应用于寒区供暖。河南大学刘鹏提出太阳能辅热地板辐射采暖系统；西北农林科技大学孙先鹏在针对太阳能集热技术在温室中的应用，对太阳能联合空气源热泵的温室调温系统进行研究，以充分利用西北地区丰富的太阳能。重庆交通大学陈明全提出太阳能—地源热泵在寒冷隧道的防冷保暖、道路能源地源热泵隧道防冻节能，有效利用了太阳能资源，实现太阳能热泵供暖与建筑节能技术结合。北京工业大学陈紫光利用日多曲面槽式太阳能空气集热器热工性能展开研究，将太阳能蓄集在墙体内，通过墙体缓慢释放热量提升室温。由此可见太阳能热泵供暖技术已经在我国的建筑节能中得到迅速的应用和发展。

4.3 渠道漂浮式太阳毯辅热保温技术

我国北方寒区秋冬季节太阳辐射是可以利用的唯一天然热源，而由于此时太阳角度低，日照时间短，太阳辐射量有限，如何尽可能多吸收和储存有效的太阳辐射热量对渠水进行辅热是本课题研究的重要内容。渠道水体表面宽阔，是接受太阳辐射最多的部分，利用此特点，利用高吸热低辐射的黑色鱼鳞状 PVC 薄膜材料，通过卷扬机随水流铺放漂浮于渠道内水体表面。在白天辐射量较高时间内大量吸收热辐射并将之传递给水体，使之升温；在夜晚无太阳辐射时，薄膜具有阻隔热量散失的功能。为研究此技术的有效性，分别从数值模拟和室内试验的角度对高寒区渠道表面铺浮膜影响进行了分析研究。

4.3.1　试验过程

利用课题研发的综合模拟试验箱内进行室内模型试验，采用高瓦数灯管模拟太阳辐射，采用 U 形水槽结合循环水泵形成渠道行水条件，室内模型如图 4.1 所示。室内温度按照 -9～2℃ 交变变化，分别采用 Pt100 温度传感器和红外表面测温仪测定内部和表面水温，如图 4.2 所示。

为了研究黑色 PVC 薄膜材料对渠道水体的保温效果，在室内进行五组不同的试验。在试验一中，在两侧渠道上分别铺设黑色薄膜和透明薄膜，对其加以相同的辐射热量，对比铺设黑色薄膜与透明薄膜时，水体吸收太阳辐射量、水体温度变化和水体结冰情况的不同，为选择保温材料作依据；在实验二中，在两侧渠道上分别铺设黑色薄膜和不铺薄膜，对其加以相同的辐射热量，对比铺膜与不铺膜时，水体吸收太阳辐射量、水体温度变化和水体结冰情况的不同；在实验三中，在两侧渠道上分别铺设黑色薄膜和不铺薄膜，改变辐射灯位置，使照射在黑色薄膜的辐射光角度较小，其辐射量小于未铺膜水面，与实验二做对比，研究太阳角度较小时，铺膜与不铺膜水体吸收太阳辐射量、水体温度变化和水体结冰情况的不同；实验四中，关闭辐射灯，与实验二做对比，研究夜晚无太阳辐射时，薄膜对水体是否起到隔热保温作用，并对比水体温度变化和水体结冰情况的不同；实验五中，在两侧渠道上分别铺设黑色薄膜和不铺薄膜，进行开灯和关灯的交替操作，与实验二做对比，研究白天和夜晚交替时，铺膜与不铺膜水体吸收太阳辐射量、水体温度变化和水体结冰情况的不同。

图 4.1　室内模型

图 4.2　进水口水流条件与温度传感器

实验一：在实验室内 U 形渠道的左侧渠道水体表面铺设一层黑色 PVC 薄膜，用绳子将其上游端略微悬空固定，使薄膜自由漂浮在水面。渠道两岸用透明胶带固定，使其紧贴渠道侧壁。同时，在右侧渠道水体表面铺设一层透明 PVC 薄膜，作为左侧渠道的对照组。打开正中间的一盏辐射灯，其到左右两侧渠道的距离大致相等，保证实验组和对照组渠道表面水体接受的总辐射量相等。用日照辐射计测量两组薄膜表面接收的辐射量，以及两组薄膜表面反射的辐射量,计算其净吸收量并进行对比。用温度传感器分别记录黑色薄膜下表面水温、黑色薄膜下10cm处水温、透明薄膜下表面水温、透明薄膜下10cm处水温。用游标卡尺分别测量黑色和透明薄膜下结冰厚度。为使水温尽快下降至冰点,故在开始实验前将室温降至-20℃,保持此温度1.5h后开始试验。实验正式开始后,将室温始终保持在-9℃不变,每隔1h记录一次实验数据。

实验二:在实验室内U形渠道的左侧渠道水体表面铺设一层黑色PVC薄膜,右侧渠道表面不铺设薄膜,作为左侧渠道的对照组。打开正中间的一盏辐射灯,其到左右两侧渠道的距离大致相等,保证实验组和对照组渠道表面水体接受的总辐射量相等。用日照辐射计测量两组水体表面接收的辐射量,以及水体表面和薄膜表面反射的辐射量,计算其净吸收量并进行对比。用温度传感器分别记录薄膜下表面水温、薄膜下10cm处水温、未铺膜表面水温和未铺膜水下10cm处水温。用游标卡尺分别测量未铺膜渠道左右岸的结冰厚度以及薄膜下结冰厚度。为使水温尽快下降至冰点,故在开始实验前将室温降至-20℃,保持此温度1.5h后开始试验。实验正式开始后,将室温始终保持在-9℃不变,每隔1h记录一次实验数据。

实验三:与实验二做对比,研究太阳角度较小时,铺膜与不铺膜水体吸收太阳辐射量、水体温度变化和水体结冰情况的不同。在实验室内U形渠道的左侧渠道水体表面铺设一层黑色PVC薄膜,右侧渠道表面不铺设薄膜,作为左侧渠道的空白对照组。打开靠近未铺膜水体,且远离黑色薄膜的一盏辐射灯,显然此时实验组和对照组渠道表面水体接受的总辐射量不相等,黑色薄膜表面的辐射光角度较小,接收到的辐射热量较小,模拟实际工程中太阳角度较小时黑色薄膜的吸热保温效果。用日照辐射计测量两组水体表面接收的辐射量,以及水体表面和薄膜表面反射的辐射量,计算其净吸收量并进行对比。用温度传感器分别记录薄膜下表面水温、薄膜下10cm处水温、未铺膜表面水温和未铺膜水下10cm处水温。用游标卡尺分别测量未铺膜渠道左右岸的结冰厚度以及薄膜下结冰厚度。为使水温尽快下降至冰点,故在开始实验前将室温降至-20℃,保持此温度1.0h后开始试验。实验正式开始后,将室温始终保持在-9℃不变,每隔1h记录一次实验数据。

实验四:与实验二做对比,研究夜晚无太阳辐射时,薄膜对水体是否起到隔热保温作用,并对比水体温度变化和水体结冰情况的不同。在实验室内U形渠道的左侧渠道水体表面铺设一层黑色PVC薄膜,右侧渠道表面不铺设薄膜,作为左侧渠道的空白对照组。不开辐射灯,使实验室处于无辐射热量的环境中,此时铺膜水体和未铺膜水体吸收的辐射热量均为0,仅考虑薄膜的隔热保温效果的影响。用温度传感器分别记录薄膜下表面水温、薄膜下10cm处水温、未铺膜表面水温和未铺膜水下10cm处水温。用游标卡尺分别测量未铺膜渠道左右岸的结冰厚度以及薄膜下结冰厚度。为使水温尽快下降至冰点,故在开始实验前将室温降至-20℃,因本次实验在不开辐射灯的环境下进行,预计结冰过程较快,因此在-20℃的室温下仅保持了0.5h后便开始试验。实验正式开始后,将室温始终保持在-9℃不变,每隔1h记录一次实验数据。

实验五:与实验二做对比,研究白天和夜晚交替时,铺膜与不铺膜水体吸收太阳辐射量、水体温度变化和水体结冰情况的不同。在实验室内U形渠道的左侧渠道水体表面铺设一层黑色 PVC 薄膜，右侧渠道表面不铺设薄膜，作为左侧渠道的空白对照组。打开正中间的一盏辐射灯，其到左右两侧渠道的距离大致相等，保证实验组和对照组渠道表面水体接受的总辐射量相等。用日照辐射计测量两组水体表面接收的辐射量，以及水体表面和薄膜表面反射的辐射量，计算其净吸收量并进行对比。用温度传感器分别记录薄膜下表面水温、薄膜下 10cm 处水温、未铺膜表面水温和未铺膜水下 10cm 处水温。用游标卡尺分别测量未铺膜渠道左右岸的结冰厚度以及薄膜下结冰厚度。为使水温尽快下降至冰点，故在开始实验前将室温降至 −20℃，保持此温度 1h 后开始试验。实验正式开始后，将室温始终保持在 −9℃不变，每隔 2h 进行开辐射灯（或关辐射灯）的操作，模拟白天和夜晚交替变换时薄膜的保温效果，每隔 1h 记录一次实验数据。

数值模拟方面，利用 COMSOL 软件建立太阳辐射模型与紊流传热模型耦合，模型尺寸选取北疆某供水渠道，水体表面为辐射面，辐射源根据当地 11 月太阳角和日照时数，采用晴空模型进行数值分析，阿勒泰地区气温数据及数值模型见图 4.3 所示。

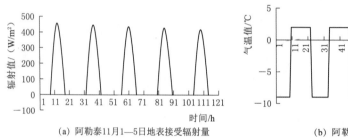

(a) 阿勒泰11月1—5日地表接受辐射量

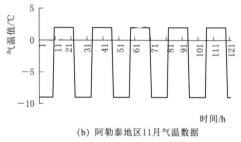

(b) 阿勒泰地区11月气温数据

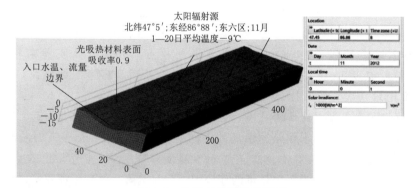

图 4.3　气温条件及数值模型

4.3.2　试验或数值模拟结果

根据室内试验一，黑色膜和透明膜吸收辐射量结果如图 4.4 所示，其表明：黑色薄膜表面的辐射吸收量约为 33.2W/m²，而透明薄膜表面为约 29.6W/m²，显然利用黑色薄膜来吸收太阳辐射的吸热效果比透明辐射吸收量更多。根据水面冰厚随时间变化图（图4.5），经历 6h 后，透明膜下的冰厚增加至约 0.4cm，而黑色膜下水体表面并未结冰。试验二结果如图 4.6 和图 4.7 所示，通过无覆膜水体对照可以看出，覆膜处水体保持无冰流动状态，温度保持正温，无覆膜水体温度下降较快，在试验 15h 后形成冰盖，冰厚为 2cm。试验三为低辐射角增温效果试验，在本实验中，测得黑色膜下表面和未铺膜水表面温度为 −0.1℃ 左右，膜下 10cm 处水温为 0.3℃ 左右，未铺膜水下 10cm 处水温为 0.2℃ 左右，相差在 0.1℃ 之内。冰厚增加得较为缓慢，经过 7h 后，左岸冰厚增加至约为 0.44cm，右岸冰厚增加至约为 0.40cm。在铺膜渠道的水体中，由于辐射灯角度较小，约有一半的渠道水体能够接收到辐射热量，而另一半处于阴影中，接收不到辐射。最终能够接收到辐射热量的部分，膜下并未结冰，而接收不到辐射的部分，膜下结冰厚度达到 0.47cm，其冰厚变化如图 4.8 所示。试验四为考虑夜间无太阳辐射试验，试验测得黑色膜下表面和透明膜下表面温度约为 −0.1℃，膜下 10cm 处和未铺膜水下 10cm 处水温为 0.2℃ 左右。冰厚随时间的变化如图 4.9 所示。未铺膜渠道左岸和右岸的冰厚随降温时间的增加而变厚，大致呈线性变化。由于本次实验未开辐射灯，薄膜下水体表面也结了冰，但相对于未铺膜水体表面较薄。经过 7h 后，未铺膜渠道左岸冰厚增加至约为 1.1cm，未铺膜渠道右岸冰厚增加至 1.3cm 左右。在铺膜渠道的水体中，膜下结冰厚度达到 0.7cm。从最终的结冰情况来看，铺膜水面的结冰厚度明显小于未铺膜水面的结冰厚度，这表明在夜晚无太阳辐射时，薄膜对水体还存在一定的保温隔热的作用。试验五试验装置处于有灯光辐射和无灯光辐射的交替变化的环境，记录未铺设黑色膜的左岸、右岸及膜下冰厚随时间的变化，其结果如图 4.10 所示，结冰情况显示，在有太阳辐射和无太阳辐射交替变化的环境中，黑色 PVC 薄膜发挥着吸收辐射热量和保温隔热的两种作用，该薄膜可以适应实际工作环境，能够在白天黑夜交替变化时，对渠水产生持续地保温效果。

图 4.4　辐射吸收量　　　　　　　　　图 4.5　水面冰厚变化图

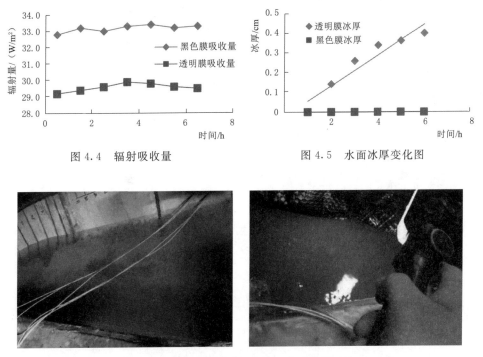

图 4.6　无覆膜与覆膜区水体 15h 后结果对比

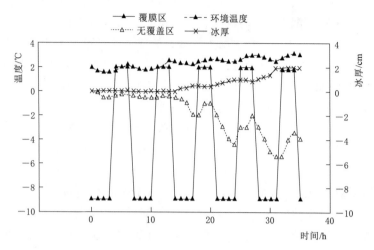

图 4.7　试验过程渠水温度历时对比结果

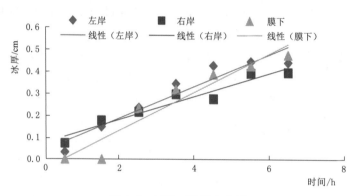

图 4.8　试验三冰厚变化图

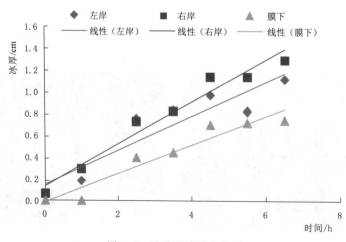

图 4.9　试验四冰厚变化图

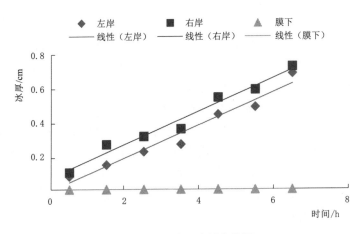

图 4.10　试验五冰厚变化图

用 COMSOL Multiphysics 软件分别对未铺膜和铺膜渠道的水温进行计算，温度为
$-9℃$，时间为 10h，水体温度如图 4.11～图 4.13 所示。由图 4.11 可以得到，未铺膜渠
道水体底部温度为 $-2.3℃$ 左右，表面温度为 $-7.5℃$ 左右；由图 4.12 可以得到，铺膜渠
道水体底部温度为 $-2℃$ 左右，表面温度为 $-3.7℃$ 左右。图 4.13 为铺浮式光热吸蓄辅热
渠水各层水温随时间的分布图。显然，由于薄膜对渠水的辅热作用，铺膜渠道水体温度远
远高于未铺膜渠道。由水温结果可知，黑色薄膜能够有效减缓水体降温过程，铺膜渠道从
开始降温到结冰的时间将可以得到明显的延长。

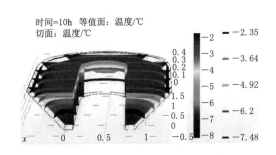

图 4.11　未铺膜渠道水体温度

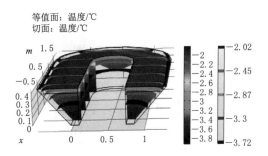

图 4.12　铺膜渠道水体温度

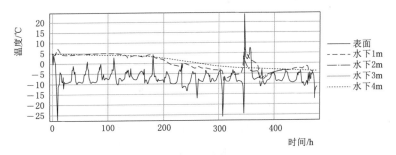

图 4.13　铺浮式光热吸蓄辅热渠水各层水温历时

"太阳能毯"是一种新型的渠道保温技术，利用一种高吸热低辐射的黑色鱼鳞PVC薄膜材料，将其铺设在渠道水面上，来达到吸收太阳辐射，加热渠水的作用。同一外界温度下，该黑色薄膜较白色薄膜有更强的吸收太阳辐射能力，当经历6h后，透明膜下冰厚增加至0.4cm，而黑色薄膜下水体表面并未结冰。未铺膜渠道水体在7h后冰厚增加至1.2cm，而铺膜渠道水体表面并未结冰。在有辐射和无辐射的交替影响下，黑色薄膜能够吸收88％的太阳辐射，并将太阳辐射传至水体表面，对渠水产生持续的保温效果，7h后未铺膜渠道冰厚度增加至0.7cm，铺膜段水体未结冰。通过数值模拟计算表明覆膜渠水表面温度变化剧烈，但是可以有效维持水面下1m的温度稳定在正温，但随着低温历时增长，渠水最终难免结冰，但是可延长结冰时间230h。通过室内试验和数值模拟结果都表明"太阳能毯"技术能够有效地利用太阳辐射热量，用天然热源对渠道水体进行辅热和保温，防止渠水结冰的效果较为显著。

4.3.3 适用性评价

黑色薄膜在模拟实际工作环境条件时，均能对输水渠道有着较好的保温效果，该技术可以被应用到高寒地区输水渠道的实际工程中。并且由于这种吸热保温材料已在市场中广泛应用，材料价格低廉且易得，因此可以在高寒区渠道中大面积推广使用。对该技术的研究，对高寒地区冬季渠道输水工程具有重要意义。

4.4 渠基太阳能集热系统研究

4.4.1 研究内容

为了保障北疆高寒区冬季渠道行水安全，防止新疆北疆地区气候寒冷导致的冻胀、冰凌、冰塞等灾害，提出渠基太阳能基土蓄热系统，该系统由光热蓄集通风装置和渠基土内散热系统组成，将地表太阳辐射热收集储存于寒区渠道基土内，使之缓慢释放，可以最大效率利用冬季有限的太阳辐射热量，对渠道土体和渠内水体进行辅热，提高冬季渠道行水运行时间。本书以COMSOL Multiphysics为数值仿真平台，以北疆阿勒泰地区太阳辐射、气温条件为基础数据，利用几何光学、气固紊流传热模型分析不同太阳高度角和方位角时集热管辐射接受量以及散热管对渠坡表面的加热效果，从蓄热效果、渠道边壁温度、温度均匀程度、工程施工等角度综合考虑，选择合理的太阳能光热蓄集系统。

4.4.2 试验过程

渠基太阳能集热系统由光热蓄集通风装置和渠基土内散热系统组成（图4.14）。其中光热蓄集装置由渠道上部曲面聚光槽、加热铜管和通风管组成。聚光槽由条形聚光镜拼合为抛物线形，集光通风铜管位于抛物线槽焦线位置，聚光槽东西轴向放置。集光铜管处安置太阳追踪传感器，通过控制盒与步进电机将光照脉冲信号转换为电机转动角度。通过传感器、控制盒和步进电机来南北向调整聚光槽面正对太阳直射。通过收集阳光对铜管内空气加热，并通过空气泵将热空气由风通道送至渠基土内。在渠基土内风通道由砂土烧结的空心砖砌成矩形通道，通道内侧为聚苯乙烯保温板，通道外侧为35%钢纤维水泥砂浆填充孔隙。钢纤维水泥砂浆具有极佳导热性能和密实度，可将空气中热量快速传导至周围土体内，从而对渠道土体和渠内水体进行辅热，防治冬季运行渠道边壁结冰。该系统对称布置于渠道两侧，同侧集热系统间距根据渠道规模确定，其间距 $L=0.8B-T_{max}^{0.35}$。其中 B 为渠道横断面宽度，T_{max} 为当地冬季最低负温的绝对值。图 4.15 为太阳能槽式集热器结构系统图。

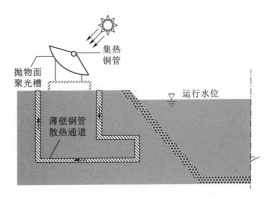

图 4.14 光热蓄集系统整体布置

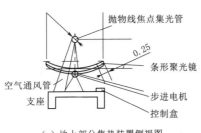

（a）地上部分集热装置侧视图

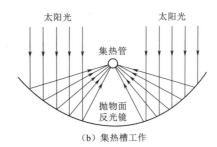

（b）集热槽工作

图 4.15 太阳能槽式集热器结构系统（单位：m）

当太阳光照射到加装太阳跟踪装置的抛物面反光镜上，此时太阳光线便可以保持大致与抛物面垂直的角度入射到槽式抛物面反光镜上，反光镜将接收到的太阳光聚集到集热管表面。通过传感器、控制盒和步进电机来南北向调整聚光槽面正对太阳直射。通过收集阳光对铜管内空气加热，并通过空气泵将热空气由风通道送至渠基土内。

4.4.3 试验或数值模拟结果

根据几何光学光线传播方程、辐射传热方程和气-固耦合紊流传热模型，建立聚光槽-集热管光线追踪数值模型，分析不同太阳高度角和方位角时集热管辐射接受量，如图 4.16～图 4.18。随后建立集热管与渠基导热管、渠基土体间对流传热模型，分析加热空

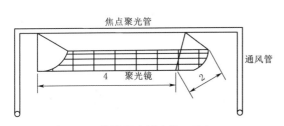

图 4.16 曲线聚光槽立体（单位：m）

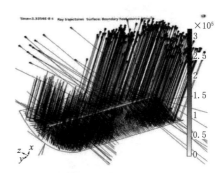

图 4.17 聚光槽光线追踪与辐射量（10时）

气在渠基的热扩散规律，以此评价光热转化和蓄集效率。

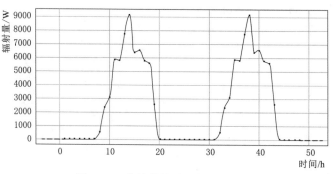

图 4.18　集热管接受辐射量日变化

　　进一步，针对水平卧管和平行卧管两种散热管布置，建立气-固耦合紊流传热模型，分析热管对渠坡表面的加热效率，如图 4.19、图 4.20 所示。分析结果表明，两种渠基散热管布置形式对比，水平卧管放置形式对渠坡影响范围有限，热量传递至渠坡时间长，滞留于渠基时间长；而平行卧管放置形式可以迅速将热量传递至渠坡表面，对渠基表面土体的加热效果非常显著。随时间增加，渠坡最高温度可以升高 8℃，完全可以用于寒区渠基辅热。

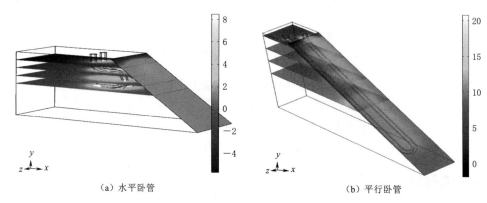

（a）水平卧管　　　　　　　　　　（b）平行卧管

图 4.19　两种散热管形式对渠坡和渠基内部温度场影响效果

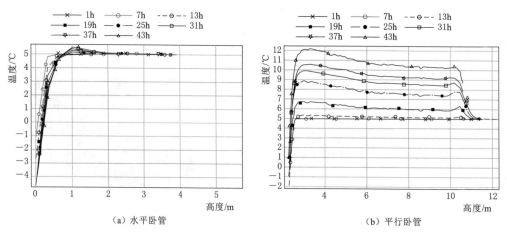

（a）水平卧管　　　　　　　　　　（b）平行卧管

图 4.20　两种散热管形式渠坡沿高度方向温度分布变化（以渠顶为 0 坐标）

4.4.4　应用实例

2019 年 10—11 月，课题组于阿勒泰地区阿克达拉灌区某渠道对渠基光热蓄集加热技术进行了原型试验。试验段渠道灌溉面积 9.06 万亩，设计流量 $Q_{设计}=5.0\mathrm{m^3/s}$，加大流量 $Q_{加大}=10\mathrm{m^3/s}$。渠道断面形式为梯形断面（图 4.21），上口宽 8.6m、下口宽 2m、渠深 2.15m。

试验段渠道设计年供水时长为 180d，但由于地处高寒区受低温影响，供水时长实际只能达到 150d，严重制约着当地的社会经济发展，通过多方对比，决定在此段渠道依据渠基光热蓄集技术原理和前期研究成果，在渠道纵向 10m 范围内进行技术示范。图 4.22 为试验段渠道现场；图 4.23 为光热蓄集系统现场图片。

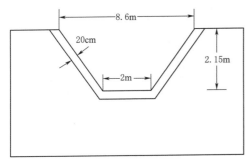

图 4.21　试验段渠道横断面图

图 4.22　试验段渠道现场照片

技术示范即原型试验在渠道纵向 10m 范围内进行，分两段于两种布置方式铺设散热管道，一段水平铺设于自渠顶边缘开挖的垂直深 3m，底宽 1m，纵向长 3m 的直角梯形槽（槽内换填块石）槽底，一段贴衬砌板下表面布设，纵向长 3m，散热管道材质为薄壁钢管，直径 40mm，成"几"字形布置，横管竖管长度均为 1m，如图 4.24 所示。

原型试验共设置 3 个监测断面，其中在散热管道两种不同布置方式的布设段各设置 1 个监测断面，另在试验对比段设置 1 个监测断面。各监测断面传感器布设如图 4.25 所示。

图 4.26 和图 4.27 为试验现场架设的小型气象站测得的 2019 年 11 月试验现场气温及光照度随时间变化曲线图。从气温变化曲线图可以看出，2019 年 11 月 12 日开始，试验现场气温已开始进入零下，最低气温达到 −23℃；从光照强度变化曲线图可以看出，试验现场 11 月大部分时间光照条件良好。

图 4.23　光热蓄集系统现场照片

图 4.24　散热管道铺设

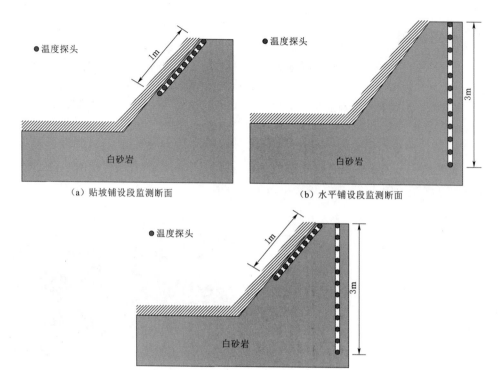

（a）贴坡铺设段监测断面 　　　　　　（b）水平铺设段监测断面

（c）对比段监测断面

图 4.25 各监测断面传感器布设

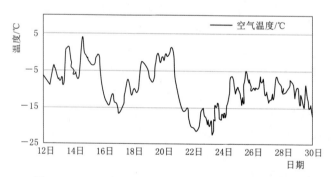

图 4.26 2019 年 11 月试验段渠道现场气温变化曲线

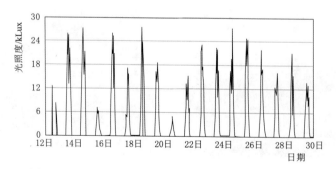

图 4.27 2019 年 11 月试验段渠道现场光照度变化曲线

各监测断面温度传感器数据使用美国 Campbell 公司生产的 CR3000 型数据采集器采集，自 2019 年 11 月 12 日 19 时始每 1h 采集各监测断面温度数据及散热管道进出口温度数据，具体结果如图 4.28 和图 4.29 所示。

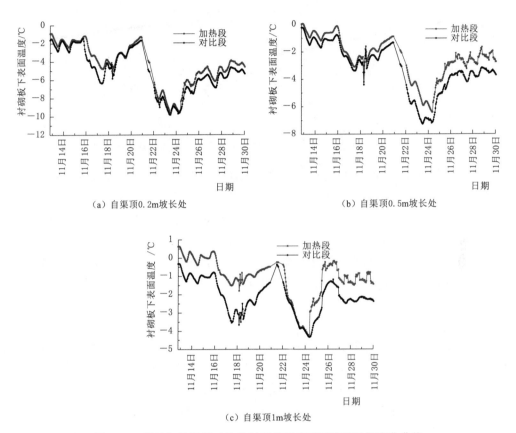

图 4.28　贴坡加热段及对比段衬砌板下表面温度随时间变化曲线

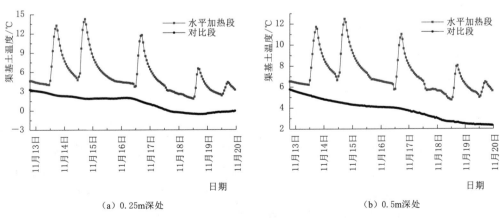

图 4.29（一）　水平加热段及对比段不同深度处渠基土温度随时间变化曲线

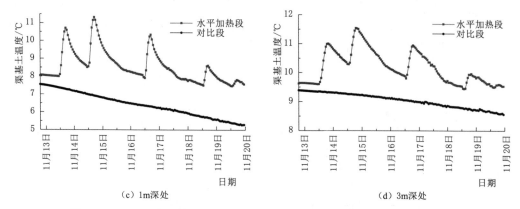

（c）1m深处　　　　　　　　　　　　　　　　　　（d）3m深处

图4.29（二）　水平加热段及对比段不同深度处渠基土温度随时间变化曲线

通过图4.28和图4.29可以看出，光热蓄集加热系统工作时，衬砌板下表面温度或渠基土温度较对比段明显提升，尤以水平加热段渠基土温度提升最为明显，一则水平加热段靠近热源进口，一则由于此处基土换填块石，升温传热迅速，基土最大提升温度达12℃，衬砌板下表面最大提升温度3℃。

通过进一步优化集热系统与散热系统的数量关系，可实现相对环境温度提高渠水温度1～1.5℃，延长输水时间不少于6d的预期目标。

4.4.5　效果评价

从模拟结果来看，太阳能集热系统能够对渠道边壁进行辅热。其中平行式管道布置方式加热范围广，但温度分布不均匀，截线最高温度为2.5℃。卧管式布置方式与平行式管道布置方式相比，加热区域比较小，但温度波动幅度小，温度分布均匀，有利于渠道边壁进行辅热。同时理论证明散热管道上覆土层越薄越好，考虑现实和工程施工因素，最优解为 $S=0.5m$。

工程施工方面，卧式管道铺设只需要用挖掘机挖一个深坑，在坑内铺设管道不需要破坏渠道边壁，施工简单方便不会影响渠道稳定。最终从蓄热效果、渠道边壁温度、温度均匀程度、工程施工等角度综合考虑，平行式散热管道布置形更加有利。

4.4.6　适用性评价

太阳能集热系统将地表太阳辐射热收集储存于寒区渠道基土内，使之缓慢释放，可以最大效率利用冬季有限的太阳辐射热量，对渠道土体和渠内水体进行辅热。对于一些冬季太阳辐射量大的地区，该系统作为一种辅热措施是相当经济、环保、有效的一种措施，对土体具有明显的加热效果，减小渠基土冻胀及水体边壁结冰。但是将系统作为单一措施效果是有限的，尤其是面对极端严寒的环境，所蓄集的热量很快散失，不能长期发挥作用；太阳光热资源并不是稳定热源，容易受到天气条件影响，因此，除需要与冰盖和人工渠道加盖保温措施结合外，还需要在渠道关键部位设置稳定的热源进行加热。

4.5 咸寒区土壤水热性能研究及其在渠道保温中的应用

4.5.1 研究内容

渠道坡面衬砌是接收太阳辐射的另一个重要部分，坡面日间吸收的热量通过相变材料蓄集在衬砌内，在夜间放出热量传递给渠水，可以实现渠水的增温。本书确定了咸寒区土壤水中盐溶液种类、浓度范围，使用 DSC 热分析法研究其热性能（相变温度、相变潜热、导热性能、稳定性）。运用 COMSOL Multiphysics 建立盐溶液相变传热模型、衬砌表面接收太阳辐射传热模型，利用此模型研究不同浓度、相变温度条件下咸寒区地下水对渠道衬砌的相变保温性能，并提出一种相变蓄热防渗空芯塑料板及其施工方法。

4.5.2 试验过程及数值建模研究

考虑到北疆输水渠道沿线中盐度地下水分布范围较广，且土壤主要为弱盐渍土（含盐量为 0.3‰～1‰）和中盐渍土（含盐量为 1‰～5‰），故选择最小含盐量为 0.2‰，含盐量变化梯度为 1.4‰，最大含盐量为 4.4‰。为减少误差，使得到的测量数据更合理准确，每一种质量分数盐溶液均分组测试多次，并求其平均值。

选取北疆地区某一高海拔输水渠道部分衬砌底板为对象，应用 COMSOL Multiphysics 软件建立模型，太阳辐射强度设为 $1000W/m^2$，传热系数为 $1.8W/(m \cdot K)$，对太阳辐射的吸收率设为 0.9，表面的反射率取为 0.1。四周边界受太阳辐射影响较小，取为绝热边界。衬砌表面与空气进行对流换热，换热系数取 $20W/(m^2 \cdot K)$。利用固体传热模型对塑料格构区域进行模拟，固体传热介质为已定义的固体材料（塑料、混凝土、冰）；同时，定义咸水在冰点发生相变转变为冰，其热性能发生改变，变为冰的相关热物理参数，高于熔点时重新变为咸水，咸水和冰之间的转变间隔 ΔT（完成相变过程所经历的温度变化）设为 1℃。其中盐溶液的相变潜热值由 DSC 法测试得出。基于传热和相变理论，模拟渠道衬砌在北疆地区冬季低气温作用下，考虑相变传热和太阳辐射传热时的温度场动态变化情况。并基于 DSC 所测得数据，模拟渠道衬砌板在不同冰点、不同相变潜热的盐溶液作用时的温度场动态变化情况，以揭示充填盐溶液的相变保温板的渠道保温效果。其数值模型如图 4.30 所示。

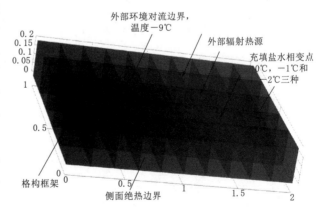

图 4.30 充填盐碱水格构保温板数值模型

4.5.3 试验或数值模拟结果

不同盐溶液质量分数 DSC 实测结果见表 4.1。

表 4.1　　　DSC 实测结果

盐溶液质量分数 $\omega/\%$	相变温度 $T/°C$	相变潜热 $L/(J/g)$
0（纯水）	0.24	330.5
0.2	-0.30	325.1
2.6	-2.61	319.4
3.0	-3.26	314.3
4.4	-4.50	306.6

可以发现，随着盐溶液质量分数的提高，由于溶液中不同分子的相互影响，其相变点不断下降，盐溶液的相变潜热随其溶质质量分数的变大而略有减小。

此外，由所得到的 DSC 曲线可知，除纯水外，盐溶液在固-液相转变之前还有一个热量较小的吸热峰，这是因为盐溶液在冷却结冰之前，温度迅速下降，溶质的溶解度随着温度的降低急剧减小，当溶液的浓度高于该温度下溶质的溶解度时，有晶体析出的现象，溶质与水生成的水化物脱离水而析出晶体这一过程伴随有吸热效应。但此热量太小，在极端低温时，该热量可忽略不计。

通过 COMSOL 数值保温衬砌模型，对其温度场在外界负温-9℃条件下的变化情况进行分析。为方便描述，以下提到的 1 号、2 号、3 号、4 号溶液，分别对应质量分数为 0.2%、1.6%、3.0%、4.4% 的盐溶液。图 4.31～图 4.34 分别为充填四种不同质量分数的盐溶液的衬砌板底部温度历时。不同相变温度条件下的衬砌板温度历时变化如图4.35～图 4.37 所示。

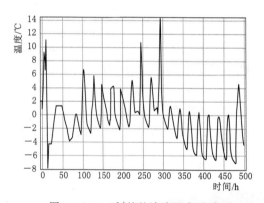

图 4.31　0.2% 的盐溶液温度历时

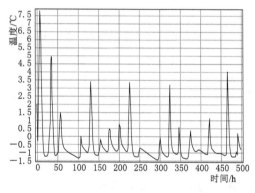

图 4.32　1.6% 的盐溶液温度历时

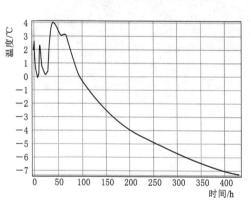

图 4.33　3.0% 的盐溶液温度历时

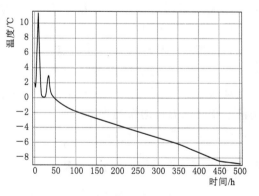

图 4.34　4.4% 的盐溶液温度历时

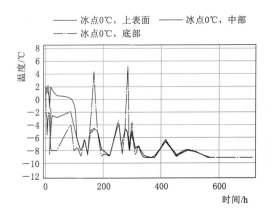

图 4.35 纯水充填保温板内温度历时

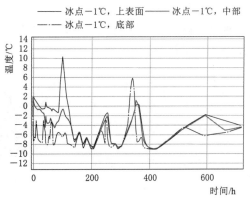

图 4.36 −1℃盐水充填保温板内温度历时

由不同盐溶液温度历时可知，1 号和 2 号盐溶液在−9℃的低温环境和太阳辐射条件下，表现出良好的盐溶液固−液相变周期性，温度变动时间维持较长。但 1 号溶液温度峰值和正温维持时间均呈走低趋势，与之相比，2 号溶液则表现出更稳定的保温性能，大部分时间能将衬砌底部温度维持在 0℃附近。而 3 号和 4 号盐溶液温度变动则明显减少，温度峰不断减弱，并缓慢降至环境温度−9℃。随着盐溶液质量分数的增加，4 号溶液的温度变动峰个数进一步减少。从不同相变温度历时来看，相变

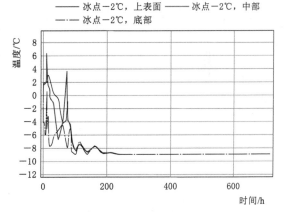

图 4.37 −2℃盐水充填保温板内温度历时

温度在−1℃左右时，衬砌板内温度变动维持时间最长，衬砌底部正温维持时间也最长，可以达到最佳的保温效果。

4.5.4 效果评价

本书运用 COMSOL Multiphysics 建立了在太阳辐射条件下，衬砌板的相变传热模型，得到了填充不同浓度盐溶液的衬砌板温度历时。数值模拟结果表明，浓度为 0.2%、1.6% 的盐溶液能维持长时间固−液相变循环，正温时间长，保温效果较好。同时，在特定辐射和外界温度条件下，盐溶液存在一个最适宜的相变温度，既能有不错的保温辅热效果，又能使相变长时间地维持。

4.5.5 适用性评价

本书利用不同盐溶液的相变温度差异，探讨咸寒区土壤水作为相变蓄热材料在渠道衬砌保温领域应用的技术方案。虽然盐溶液充填的相变保温板具有较好的保温辅热效果，然

而遇到极端低温时，潜热释放较为缓慢，不足以在短时间内有效补偿热量散失。瞬间相变潜热巨大的相变材料如：饱和乙酸钠溶液，在受到扰动时可以瞬间放热，利用这一特性，可将饱和乙酸钠溶液填充入渠道建筑物附属结构中，在外界极端低温时对溶液进行扰动，使其释放热量进行融冰。

第 4 章彩图

第5章 电加热渠水融冰技术

5.1 技术背景

新疆某供水工程，渠线总长为 136.34km，设计引水流量为 50~60m³/s，加大引水流量为 60~70m³/s。该工程可有效地解决新疆地区工业和农业用水短缺的问题，经济效益与社会效益十分显著。但该引水工程远离海洋，输水线路北段引水点所在流域属大陆性寒温带气候，天山北坡中部属温带大陆性干旱型气候，引水沙流所在盆地属温带大陆性戈壁荒漠气候。整体气候干燥，纬度高、少酷暑、多严寒，冬季夜间最低气温可达−40.3℃，夏季平均气温为 20℃。由于冬季气温较低，渠道采取季节性供水，每年 4—9 月通水，其他时间停水。每年的有效供水时长仅为 6 个月左右，极大地限制了该供水工程渠道的输水能力，限制了新疆地区的经济发展。

为缓解新疆冬季水资源短缺问题，提高该供水工程输水效率，提出渠道冬季输水的任务要求。本书在近年来河冰力学研究发展的基础上，通过集肤效应发热电缆及其附属散热装置对渠道运行过程中的结冰关键位置进行加热融冰，保证渠道冬季无冰或冰水二相混合输水，以完成延长渠道冬季输水时间 10d，保证温度在−8℃以上时衬砌板不挂冰的设计任务要求，具有较高经济效益与实际意义。

5.2 国内外研究现状

渠道冬季输水增温主要有太阳能加热法、抽地下水增温法和利用地热加热的方法。班久次仁等利用高原得天独厚的太阳能资源，提出太阳能防冰的新措施。而抽地下水增温法就是在渠道沿线，每隔一定的距离就抽取地下水注入渠道当中，提升渠道的水温防止渠道结冰，在红山嘴电厂历经十几年研究与实践，利用地下水融冰，可以消除渠道结冰盖、冰堵、冰塞之害，从根本上改善五座梯级电站的冬季运行条件。唐伟进一步利用地热循环加热，来防止渠道结冰。首先利用回灌井将渠道低温水回灌至含水层，然后同步向抽水井抽取等量地下水注入渠道内与之混合，提升渠道水温，在确保地下水量平衡的条件下保证渠道无冰盖（或基本无冰盖）输水。

上述几种方法虽然可以实现渠道冬季输水的任务要求，但都有着一定的适用范围，存在着一定的局限性。而利用集肤电加热技术，结合河冰力学的相关理论，则可以形成一个较为稳定的热源，对渠道结冰关键位置进行加热融冰，是保证渠道冬季运行的可靠手段。

5.3　研究内容

本书针对北疆地区冬季渠道输水问题，以延长渠道冬季输水时间 10d，保证温度在 −8℃以上时衬砌板不挂冰为任务要求，通过室内模型试验、数值模拟以及现场应用论证相结合的方法，得到一套切实可行的电加热渠水融冰技术。具体研究内容如下：

（1）建立长距离引水渠道水流冻结模型试验平台进行室内模型试验。根据渠道断面资料，渠道设计流量，当地气象资料等建立长距离引水渠道水流冻结模型试验平台，进行模型试验，得到不同流量下渠道断面流速分布规律。模拟长距离渠道水流结冰的过程，分析其与流速之间的变化规律。同时，在模型渠坡行水位处铺设加热装置，论证电加热渠水融冰技术可行性，确定加热功率。

（2）数值仿真模拟。通过有限元软件进行数值仿真模拟，模拟渠道运行状态，流速分布情况，以及不同加热形式的加热效果。确定具体的加热形式，分析模型运行状态，与现场应用结果相比对。

（3）现场示范试验。根据室内试验结果与数值计算结果，选取合适的热源及加热形式，设计符合现场实际情况要求的加热融冰系统，在冬季渠道停水后进行加热融冰系统的安装与铺设，铺设完成后对渠道进行注水，进行现场实际条件下的应用论证。

5.4　冬季行水电加热融冰室内模型试验

5.4.1　室内模型试验方法

本书在西北农林科技大学水工低温模拟实验系统的基础上设计一个可以模拟渠道长距离运行的模型试验系统。通过低温模拟实验系统改变该渠道模型系统所处的环境温度，从而验证高寒区长距离供水渠道结冰的实际过程，并对渠道衬砌板行水位处进行电加热处理，得到延长渠道冬季输水时间 10d，保证环境温度在 −8℃以上时衬砌板不挂冰的加热功率，归纳总结出高寒区长距离供水渠道衬砌板局部电加热融冰技术。

1. 长距离引水渠道水流冻结模型试验平台

如图 5.1 所示，本室内试验模型综合设计了顺直段和弯曲段来研究引水渠道内冰的形成和演变。该模型由 U 形直角梯形断面渠道、循环控制系统、制冷系统三部分组成。循环控制系统中主体为 U 形水槽，水槽顺直段长 1.5m，弯曲段外侧半径约 1m。水槽两端设有水箱与平水栅，以使水流尽量平稳。水槽断面为直角梯形，斜壁坡比为 1∶1。许多水槽实验的渠壁构造较为单一，多数为有机玻璃或者混凝土，本次试验在低温环境下进行，拟模拟冬季输水环境和水流的失热，所以渠壁依次由骨架层、保温层、防渗层、衬砌构成。骨架层由钢板构成，起支撑整个模型的作用；水槽断面上每个边均铺设保温板，保温板的作用是减小渠道内水流与边壁和底面的热交换，保证水流的热量丧失主要是与上方冷空气发生热交换；防渗层位于表面衬砌和保温层之间，防止模型漏水，保证模型的安全性和可用性；衬砌层材料为麻面瓷砖，实际工程中的衬砌一般为混凝土，考虑到瓷砖和混凝土传热系数接近，因此用麻面瓷砖模拟混凝土衬砌板。

（a）模型实体照片（保温与修饰未完成）

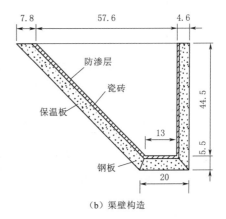

（b）渠壁构造

图 5.1　长距离引水渠道水流冻结模型试验平台（单位：cm）

渠道整体在水箱部位由管道与水泵相连，使整个模型成为一个循环系统。水泵采用单级单吸管道离心泵，型号为 ISG250-235-22，该水泵流量为 500m³/h，扬程为 12m，功率为 22kW。水泵扬程较大，因此在低功率工作时可以更好地提供一个较为稳定的水流。在水泵提供的动力下，水流经过水箱进入渠道部分，再收集进入水箱吸入水泵中完成一个循环，其中水箱对水体起到了一个较为好的稳定作用。当模型运行足够长的时间后，渠道内水的流态趋于稳定，此时可模拟长距离输水渠道。水泵由变频柜控制，变频柜可调节水泵频率，使渠道里水的流速可在 0～1.5m/s 内调节。

制冷系统为西北农林科技大学水工低温模拟实验系统，该系统主要由冷库、压缩机、数控面板、温度传感器等组成，可实现 -50～80℃ 的温度调节，温度传感器与数控面板相连接，冷库内气温、测点温度可实时显示在显示屏上。

2. 模型试验平台水流流速分布测量

为验证长距离引水渠道水流冻结模型试验平台水流运行状态，对该渠道模型试验平台结冰前后的流速进行了测量。流速的测量采用手持便携式流速仪，型号为 ZY111-LS-300A。该流速仪由测算仪、仪旋桨、信号连线构成，结构简易，操作简单，可靠度高，发射光束穿透力较强，可以适用于一定浊度的液体。测量某定点流速的时候，仪旋桨需在水中停留测 20s 以上，数据才会比较可靠，若手持流速仪测量多个点时，试验人员容易感到疲倦，从而导致仪旋桨晃动，数据不准，而且水平或者垂直的两个测量点之间的距离不宜把握，因此设计与模型、流速仪相匹配的流速仪固定装置方便试验进行。流速仪固定装置可以固定流速仪，控制水平和垂直测量点的距离，结构简单易操作，可以固定在模型的任意断面处，通过水平或者垂直移动流速仪可以测到断面上任意点的流速。为测量固定点流速状态，针对该模型试验渠道设计了专门的流速测量支架，如图 5.2 所示。

图 5.2　流速仪及固定支架

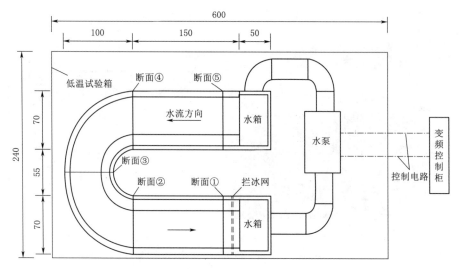

图 5.3　渠道测量断面布置（单位：cm）

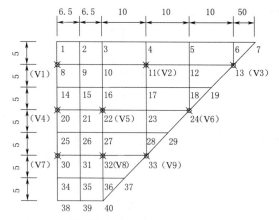

图 5.4　结冰前断面流速测点布置（单位：cm）

渠道结冰之前选区图 5.3 中①②③断面进行流速测量，每个断面 40 个测点。结冰后渠道内流速的测量同样选用①②③三个测量截面，为尽量减小流速测量时流速仪对结冰过程的扰动，将流速测点缩减为 V1～V9 九个，如图 5.4 所示。

3. 模型试验平台渠道结冰过程测量

为偏于安全，通过低温模拟实验系统将试验平台所处环境温度设置为 −10℃。观测整个渠道运行过程中的结冰过程，验证长距离引水渠道水流冻结模型试验平台的可行性，同时对结冰过程进行观测。

冰厚的测量采用游标卡尺结合热电阻丝冰厚测量装置结合的方式。当未结成冰盖时，测量岸冰用游标卡尺进行测量；若结成冰盖需测量冰盖一点的厚度时采用热电阻丝冰厚测量装置，装置主要构成有热电阻丝、测量标尺、支架、电回路组成，如图 5.5 所示。热电阻丝是断面直径为 0.4mm 的镍铬合金金属丝，长度为 L_1，电阻率约为 5.5Ω/m。试验前将热电阻丝固定到合适的位置，断开电源；结成冰盖后需要测量时通电，待电阻丝周围冰融化后断开电源，然后将电阻丝提起直到挡板接触，此时测量得 L_2，L_1 和 L_2 的差值即为这一点的冰厚。

4. 模型试验平台渠道加热融冰模型试验

在渠道两侧铺设加热片，如图 5.6 所示。调节加热片加热功率，得到环境温度为 −10℃时不同流速与使渠道边坡不挂冰的最小加热功率。最小加热功率的测量方法具体如下：

（1）将环境温度设置为 T，水泵率设置为 f。首先让渠道两侧形成岸冰，此时渠道内水温已降至最低。

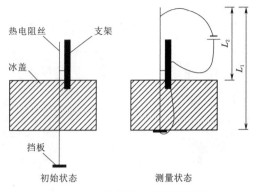

图 5.5　热电阻丝冰厚测量装置

图 5.6　加热融冰装置

（2）加热除掉两侧结冰，停止加热，记录再次形成岸冰宽度为 b（$b=1\sim3\text{cm}$）所需要的时间 t。

（3）将加热片功率 P 调至适宜大小。若 t 时间内，$P=P_1$，观察处渠道两侧没有结冰，且 t 时间内 $P=P_1-P_0$（P_0 为功率步长），观察处渠道两侧有结冰，则认为最小加热功率为 P_1。

（4）改变水泵频率和环境温度，测量不同条件下渠道不形成冰盖的最小加热功率。

5.4.2　室内模型试验结果

1. 水流流速分布

不同水泵变频频率（6Hz、8Hz、10Hz）下，结冰前各断面渠道内流速分布如图 5.7～图 5.9 所示。

随着水泵频率的改变，在不改变渠道水位的情况下可以实现渠道断面流速的连续变化。分析不同频率下渠道的不同截面流速的分布情况，可以发现，当水流进入弯道时，如断面③，主流区下潜靠近渠底；如断面②，当水流刚出弯曲渠段时，受离心作用影响，弯道的高速水流冲向凹岸，所以靠近倾斜渠壁的水流流速较大，而靠竖直渠壁的水流流速较小，且流速梯度较大；水流从弯道流出，流经直段时，高速水流流向倾斜渠壁上方，因此最大流速在图中的右上角，靠近竖直渠壁的水流流速梯度减小。室内渠道模型各断面的流速分布规律与实际渠道流速分布规律基本相符。

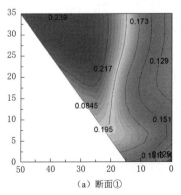

（a）断面①

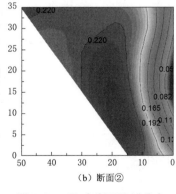

（b）断面②

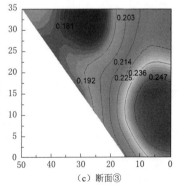

（c）断面③

图 5.7　6Hz 各断面流速分布

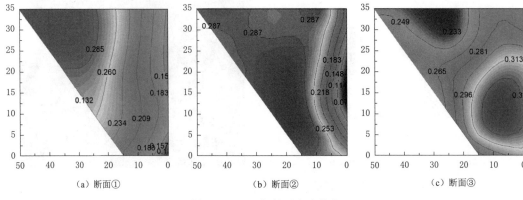

（a）断面①　　　　　　（b）断面②　　　　　　（c）断面③

图 5.8　8Hz 各断面流速分布

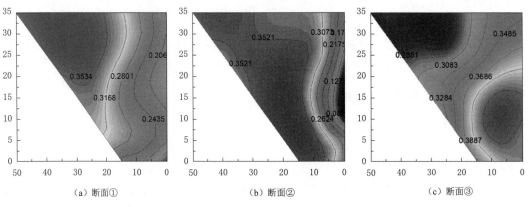

（a）断面①　　　　　　（b）断面②　　　　　　（c）断面③

图 5.9　10Hz 各断面流速分布

结冰后不同频率（6Hz、10Hz）下，各断面渠道内流速分布见表 5.1、表 5.2。

表 5.1　结冰后 6Hz 时各断面流速

测点	各断面流速/（m/s）		
	①	③	④
V1	0.013	0.071	0.021
V2	0.007	0.069	0.106
V3	0.040	0.015	0.160
V4	0.039	0.150	0.179
V5	0.027	0.079	0.182
V6	0.016	0.056	0.200
V7	0.035	0.118	0.228
V8	0.034	0.112	0.230
V9	0.028	0.064	0.158

表 5.2　结冰后 10Hz 时各断面流速

测点	各断面流速/（m/s）		
	①	③	④
V1	0.298	0.331	0.289
V2	0.304	0.352	0.275
V3	0.022	0.256	0.354
V4	0.305	0.346	0.290
V5	0.312	0.379	0.293
V6	0.136	0.269	0.376
V7	0.276	0.395	0.310
V8	0.256	0.408	0.384
V9	0.168	0.266	0.418

对比结冰前后断面流速大小可以明显看出结冰影响流速，结冰后流速明显变小，这是由于渠道在形成冰盖后，渠道内水体流速不仅要受到渠壁糙率的影响，同时要受到冰盖糙率的影响，从而使渠道流速变缓。

2. 模型试验平台渠道水流的结冰过程

随着渠道内水流温度的降低，渠道水体内先产生大量的小冰晶，这一点在测量渠道内水流流速时可以明显的观测到，如图 5.10 所示。

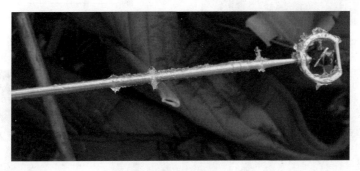

图 5.10 渠道水流中冰晶附着于流速仪

渠道内的小冰晶随着渠道的运行，在水流较为平缓的位置先在岸边行水位进行聚集，形成岸冰，并逐步发展形成冰盖。形成冰盖的过程如图 5.11 所示。

图 5.11 －10℃时渠道冰盖形成过程

而对于渠道弯段，由于水流流速的变化，冰花先在水流较缓外弯处汇聚；如果渠道中有障碍物的存在，冰盖的形成也会在这些有障碍物的地方先行开展，如图 5.12 所示。

测点处在形成岸冰后，冰层厚度随时间的变化关系如图 5.13 所示，二者近似成直线关系。

3. 加热融冰效果

根据上面设计的电加热融冰室内试验装置进行冰盖形成前后的融冰试验，试验结果如图 5.14 所示。在冰盖形成后利用电加热融冰装置进行加热可以将加热装置附近的冰融解，但是其由于水流的作用其影响范围有限，此时冰盖虽已脱离渠道衬砌版，但仍在水中漂浮，会进一步产生堆积影响渠道输水。而如果在渠道结冰之前就对渠道衬砌水位进行电加热处理，只需一个较小的加热功率就可以保证渠道不结岸冰，不形成冰盖，而且水流的流速越大，所需的功率越小。－10℃时不同流速下的临界功率见表 5.3 和图 5.15。

图 5.12 弯道处与障碍物位置冰盖的形成

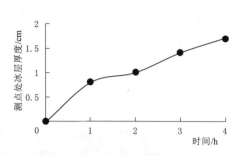

图 5.13 冰层厚度随时间的变化关系

（a）冰盖形成后

（b）冰盖形成前

图 5.14 电加热装置融冰情况

表 5.3 －10℃ 时不同流速下的临界功率

水泵功率/Hz	加热片处流速/（m/s）	断面平均流速/（m/s）	临界功率/（kW/m²）
2	0.11	0.09	1.755
3	0.16	0.14	0.357
4	0.22	0.18	0.357
6	0.25	0.20	0.258
8	0.22	0.21	0.18
10	0.11	0.34	0.18

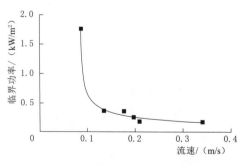

图 5.15 临界功率与流速关系

从试验结果来看－10℃的环境下，当流速大于 0.1m/s 时，只要保证加热功率大于 0.357kW/m²，即可保证渠道不结冰。

5.5 冬季行水电加热融冰数值模拟

5.5.1 数学模型

1. 基于 COMSOL 的数值模拟流速分布

对于三维不可压缩流体，质量守恒方程为

$$\frac{\partial u_i}{\partial x_i} = 0 \tag{5.1}$$

动量方程为

$$\frac{\partial u_i}{\partial t} = (\mu + \mu_t) \frac{\partial}{\partial x_j} \left(\frac{\partial u_i}{\partial x_j} + \frac{\partial u_j}{\partial x_i} \right) - \frac{1}{\rho} \frac{\partial p}{\partial x_i} + F_i \tag{5.2}$$

式中：u_i 为各个方向上的流速分量，m/s；x_i 为各个方向上的坐标分量，m；t 为时间，s；p 为压强，Pa；ρ 为液体密度，kg/m³；μ 为动力黏度，Pa·s；F_i 为体力，N。

由于渠道内存在弯曲段，水流为流态较为复杂的湍流，所以考虑用时均化的瑞利 $k-\varepsilon$ 湍流模型，该模型属于 $k-\varepsilon$ 湍流模型的改进模型，它的湍动黏度计算公式引入旋转和曲率有关的内容，能够更好地模拟弯曲壁面的流动。该模型的输运方程为

$$\frac{\partial (\rho k u_i)}{\partial x_i} = \frac{\partial}{\partial x_j} \left[\left(\mu + \frac{\mu_t}{\sigma_k} \right) \frac{\partial k}{\partial x_j} \right] + G_k - \rho \varepsilon \tag{5.3}$$

$$\frac{\partial (\rho \varepsilon u_i)}{\partial x_i} = \frac{\partial}{\partial x_j} \left[\left(\mu + \frac{\mu_t}{\sigma_\varepsilon} \right) \frac{\partial \varepsilon}{\partial x_j} \right] + \rho C_1 E \varepsilon - \rho C_2 \frac{\varepsilon^2}{k + \sqrt{v\varepsilon}} \tag{5.4}$$

式中：k 为湍动能；ε 为湍动耗散率；σ_k 和 σ_ε 分别为湍动能 k 和湍动耗散率 ε 对应的普朗特数，$\sigma_k = 1.0$，$\sigma_\varepsilon = 1.2$；μ_t 为湍动黏度，$C_2 = 1.9$；$C_1 = \max\left(0.43, \frac{\eta}{\eta + 5} \right)$，$\eta = (2E_{ij}E_{ij}) \frac{k}{\varepsilon}$，$E_{ij} = \frac{1}{2} \left(\frac{\partial u_i}{\partial x_i} + \frac{\partial u_j}{\partial x_i} \right)$；$\mu_t = \rho C_u k^2 / \varepsilon$，$C_u = \frac{1}{A_0 + A_S U^* k / \varepsilon}$，$A_S = \sqrt{6} \cos\varphi$，$\varphi = \frac{1}{3} \cos(\sqrt{6}W)$，$W = \frac{E_{ij}E_{jk}E_{kj}}{(E_{ij}E_{ij})^{1/2}}$，$U^* = \sqrt{E_{ij}E_{ij} + \overline{\Omega}_{ij}\overline{\Omega}_{ij}}$，$\overline{\Omega}_{ij} = \frac{1}{2} \left(\frac{\partial u_i}{\partial x_j} - \frac{\partial u_j}{\partial x_i} \right)$；$G_k$ 为平均速度梯度引起的湍动能 k 的产生项，由下式计算：

$$G_k = \mu_t \left(\frac{\partial u_i}{\partial x_j} + \frac{\partial u_j}{\partial x_i} \right) \frac{\partial u_i}{\partial x_j} \tag{5.5}$$

以渠道模型为原型，在 SOLIDWORKS 按实际尺寸创建三维模型。如图 5.16 所示，三维模型左侧管道断面为水流出口，右侧管道断面为入口。然后将三维模型导入 COM-

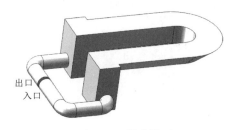

图 5.16 渠道模型

SOL Multiphysics 中，入口与出口均为压力边界条件，分别取 4200Pa、1700Pa，选择瑞利 $k - \varepsilon$ 湍流模型。

2. 加热形式研究

所选的加热电缆虽然发热量较大，但加热电缆对于整个渠道来说，其影响范围依然较小，这明显限制了加热装置的融冰效率，如图 5.17 所示。为扩大加热电缆的影响范围设计了不同形式的加热形式，如图 5.18 所示，并通过 COMSOL 软件对其热传导效果进行了模拟，进一步扩大了加热电缆的影响范围，使高寒区长距离供水渠道衬砌板局部电加热融冰技术可以更好地发挥作用。

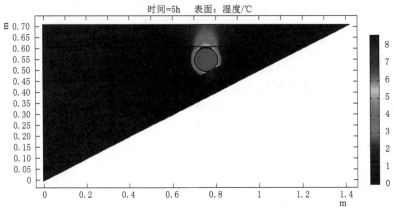

图 5.17 单加热电缆加热效果云图

5.5.2 数值模拟结果

1. 流速模拟结果

截面①②③流速等值线如图 5.19 所示，对比实测结果可知，数值模拟的三个截面的流速分布基本符合试验值，流速最大值、最小值位置基本相同，流速梯度的变化也相似，都在断面②靠竖直渠壁处产生了较大的流速梯度。图 5.20 为三维流速等值面图，从此图

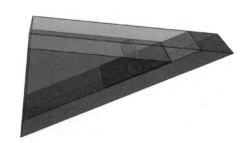

图 5.18 不同加热形式的数值模拟

可以很直观地看到整个渠道的流态分布，水流经过弯曲段时凸岸流速增大，凹岸流速减小，从弯曲段流出时，由于离心作用，高速水流流向倾斜渠壁侧，竖直渠壁侧的流速明显减小。

2. 不同加热形式传热效果

仿照电子元件散热装置的设计，设计了三种不同加热形式，分别为一层连续型散热桥结构、两层连续型散热桥结构以及等间距分布散热桥结构。同时对加热装置铺设的位置进行了讨论，分别为浮于水面与衬砌板两种形式，数值计算结果如图 5.21～图 5.24 所示。

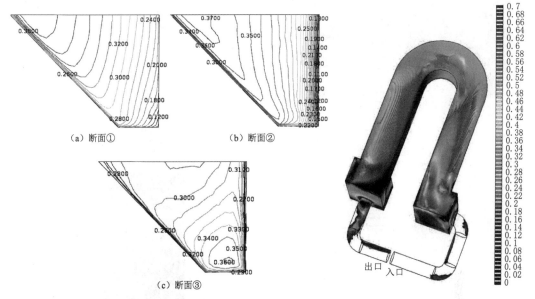

（a）断面①　　　　　　（b）断面②

（c）断面③

图 5.19　数值模拟的截面①、②、③流速等值线　　图 5.20　模型的三维流速等值面

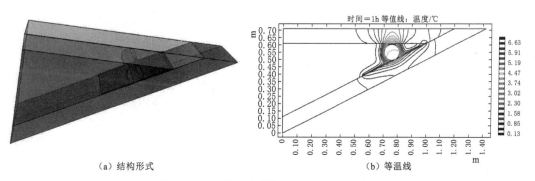

（a）结构形式　　　　　　　　　　　　（b）等温线

图 5.21　一层连续型散热桥结构计算结果

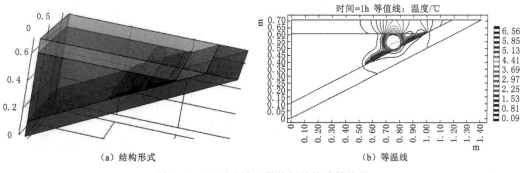

（a）结构形式　　　　　　　　　　　　（b）等温线

图 5.22　两层连续型散热桥结构计算结果

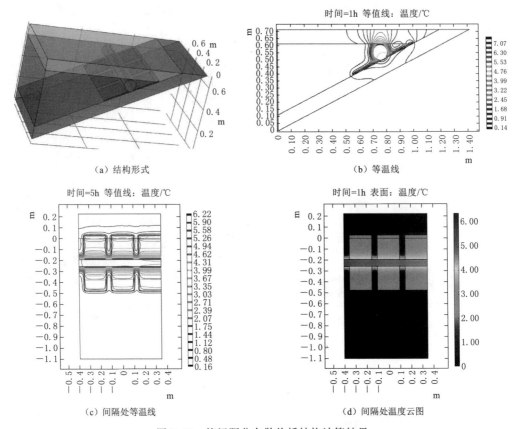

（a）结构形式　　　　　　　　　　　　　　（b）等温线

（c）间隔处等温线　　　　　　　　　　　　（d）间隔处温度云图

图 5.23　等间距分布散热桥结构计算结果

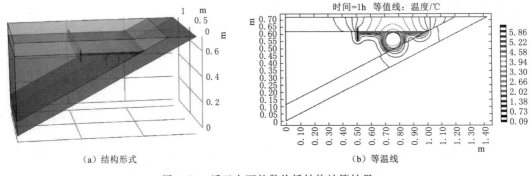

（a）结构形式　　　　　　　　　　　　　　（b）等温线

图 5.24　浮于水面的散热桥结构计算结果

从数值计算结果来看，散热桥结构可以有效地扩大加热电缆的影响范围，提高融冰效率。不同层数的散热桥温度分布情况影响不大；当散热桥中间有间隔后，由于水的比热容较大，温度场的分布很容易不连续，因此散热桥结构最好连续进行铺设；铺设于水面的散热桥结构会将大部分热量扩散到空气当中，影响融冰效率。综上所述在渠道衬砌表面连续铺设单层散热桥结构，就可以明显宽大加热电缆的影响范围，提高电加热融冰技术的融冰输水效率。

5.6 应用实例

5.6.1 电加热渠水融冰系统

1. 热源

依据室内模型试验结果，结合渠道工程的特点，本电加热融冰系统选取长线集肤伴热电缆 LRES（AT）作为本电加热融冰系统的热源，如图 5.25 所示。集肤电流加热法是 20 世纪 60 年代中期出现的一种加热形式，其主要利用交流电通过导体时的集肤效应进行发热。集肤效应即趋肤效应，当导体中通过交流电时由于电磁感应作用，导体中的电流向导体表面聚集，从而使导体的有效电阻增大，发热量增大，如图 5.26 所示。该发热形式有结构简单、安全可靠、寿命长、易于自动化、能源利用率高等优点。

图 5.25 长线集肤伴热电缆

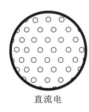

直流电　　交流电

图 5.26 集肤效应

2. 电控系统

电控系统主要由控制系统和数据采集系统组成，如图 5.27 所示。控制系统主要由变压器与功率调节装置组成，二者共同将输入的 220V 交流电转变成加热电缆两端所需电压，并通过控制电压电流实现功率的实时可调。数据采集系统主要完成温度数据、电压电流数据的实时采集与储存。整个电控系统可以通过测点的温度来调节加热电缆两端的电压与电流，实现对电缆加热功率的实时调控，保证用最小的加热功率即可满足渠道冬季输水的需求。

图 5.27 电控系统

3．加热形式

依据数值计算结果，结合渠道实际情况，设计了两种不同形式的传热装置，如图

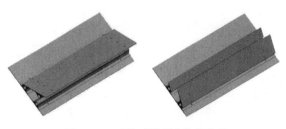

5.28 所示。该传热装置由两种穿线管与不同大小的散热片组成，二者通过螺栓连接构成两种不同的散热形式。同时，根据热源位置的不同，可形成三种不同的加热形式。该传热装置有着加工简单，组合方便，构件可相互替换的优点，同时，该传热装置为加热电缆在渠道边坡的铺设起到了良好的支撑作用。

图 5.28　两种不同形式的传热装置

5.6.2　现场应用论证

本次现场试验位于北疆某供水工程总干渠 50km 标号位置一退水渠道处进行。试验段渠道长 30m，横截面为倒梯形，上口宽 8.60m，下口宽 1.00m，深 2.15m。拟在渠道单侧铺设加热电缆，另一侧作为对比，如图 5.29 所示。

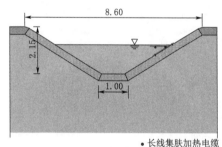

图 5.29　集肤加热装置布置（单位：m）

试验用电于新疆 EH 流域开发工程假设管理局 DS 管理处第一管理站引专项用电，线缆布置如图 5.30 所示。

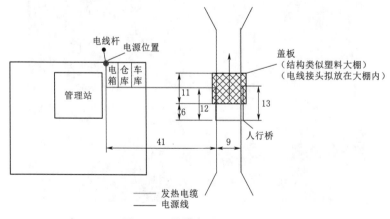

图 5.30　线缆布置（单位：m）

三种不同加热形式选取三个观测断面，布置温度传感器，温度数据最后集成至控制柜内。温度传感器具体布置位置见图 5.31、图 5.32 和表 5.4。

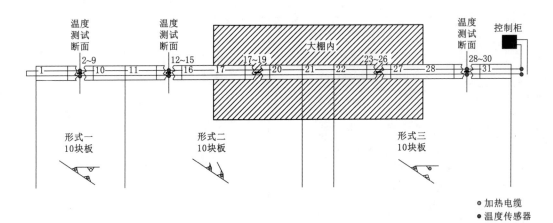

图 5.31　温度传感器整体布置（单位：m）

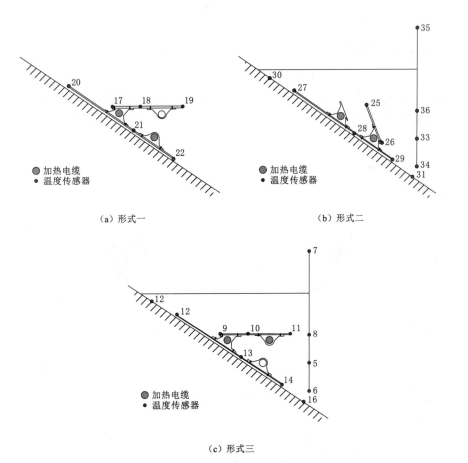

（a）形式一　　　　　　　　　　　　　　　（b）形式二

（c）形式三

图 5.32　各加热形式温度传感器布置（数字为传感器编号）

表 5.4 各温度传感器对应测量位置

形 式	测量位置	传感器编号
形式一	上加热电缆	2、3、38、40
	下加热电缆	1、4、37、39
	散热桥结构	17、18、19、20、21、22、23
形式二	散热桥结构	25、26、27、28、29
	空气	35
	水	36、33、34
	混凝土板	30、31
形式三	散热桥结构	9、10、11、12、13、14
	空气	7
	水	8、5、6
	混凝土板	15、16

5.6.3 现场加热效果

(1) 11 月 23 日 11:19—18:20 加热。11 月 23 日 11:19—18:20 设置控制 1 号温度测点（电缆表面温度）保持 10℃，进行加热融冰试验，7h 内各观测断面温度分布及电缆加热功率如图 5.33 所示。

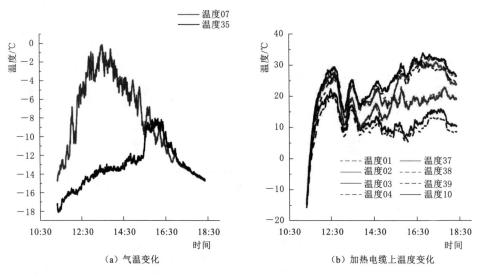

图 5.33（一） 11 月 23 日 11:19—18:20 各观测断面温度分布及电缆加热功率
（温度后数字代表传感器编号）

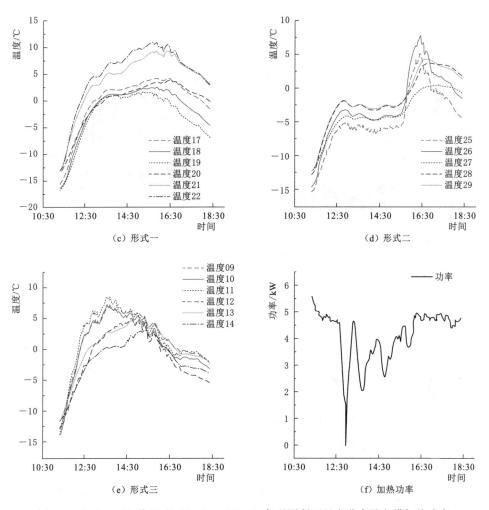

图 5.33（二）　11月23日11：19—18：20各观测断面温度分布及电缆加热功率
（温度后数字代表传感器编号）

　　11月23日是晴天，环境温度受日照的影响明显。当开始加热后，加热电缆不同位置的温度都急剧升高，提升速率基本一致，但最终稳定的存在着一定的差异。加热过程中同一位置的上下两根加热电缆的温度基本一致，不同位置加热电缆温度的差异与日照存在着较大的关系。从图5.33（d）可以看出，电缆在开始加热时功率振荡变化，随着加热时间的增加逐渐趋于稳定，仅随环境温度改变。

　　（2）11月26—27日夜间。该次试验从下午开始，此时环境温度两测点位置日照情况基本一致，二者所测环境温度基本相同。从图5.34（d）可以看出，当加热系统整体趋于稳定时，加热电缆的加热是间歇进行的，每次的加热功率基本一致，此时加热电缆所产生的热量即为该加热系统加热周围流体的能量。

　　（3）11月27—28日夜间。本次试验设置电缆温度为20℃，相应的加热板上温度有所提高，不同加热形式各测点上的温度基本可以维持在0℃以上。27日夜间较26日夜间温度变化较大，可以看出当加热系统稳定后加热电缆加热功率主要与环境温度有关（图5.35）。

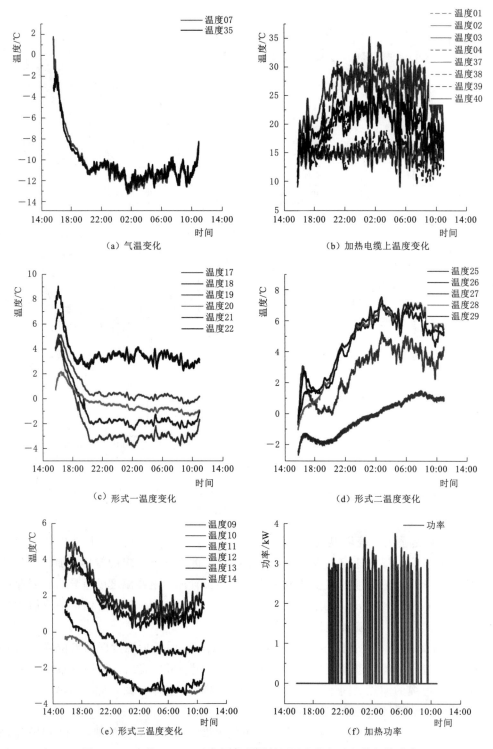

图 5.34　11 月 26—27 日夜间各观测断面温度分布及电缆加热功率
（温度后数字代表传感器编号）

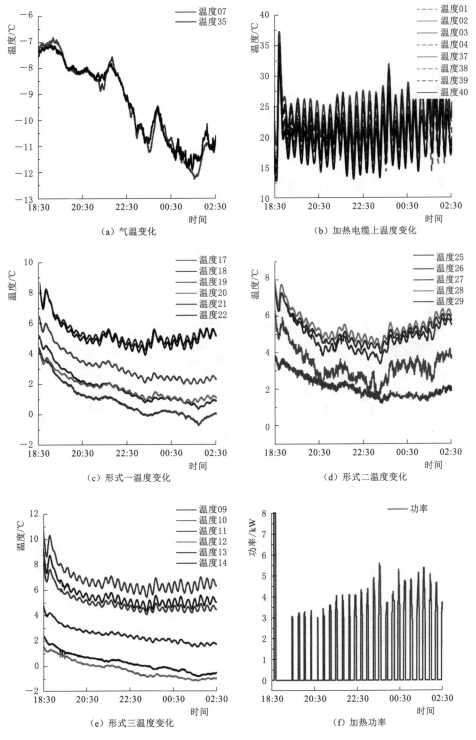

图 5.35　11 月 27—28 日夜间各观测断面温度分布及电缆加热功率
（温度后数字代表传感器编号）

5.7　成果总结与评价

为解决新疆冬季渠道输水问题，延长渠道冬季输水时间 10d，保证环境温度在−8℃以上时衬砌板不挂冰，依据渠道结冰过程的理论研究和电热学理论，通过室内模型试验、数值模拟以及现场应用，设计了一套电加热融冰技术。该技术由集肤效应加热电缆、特制加热装置、供电系统、温度自动控制和反馈监测系统组成，该技术解决了常规加热系统输热距离、效率低的问题，可有效缓解新疆冬季缺水问题，其具体融冰输水效果与经济性、适用性评价如下所述。

5.7.1　电加热渠水融冰技术融冰效果评价

如图 5.36 所示，由于前一天的降雪，此时加热装置上有约 5mm 的积雪。当开启电加热装置 7h 后，明显可以看出加热装置上的积雪消融。当日实测环境温度为−18～0℃，加热装置直接暴露在空气当中，相较于布置在水体当中，此时加热装置的热量损耗更大。因此，该套集肤加热系统可以有效地融冰，完成电加热渠水融冰输水的任务要求。

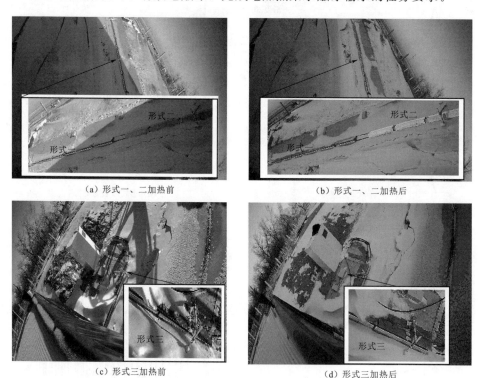

（a）形式一、二加热前　　　　　　　　（b）形式一、二加热后

（c）形式三加热前　　　　　　　　　　（d）形式三加热后

图 5.36　集肤加热冬季输水系统融雪效果

当加热系统稳定后，发热电缆上所消耗的功率与加热装置加热周围流体所消耗的能量基本一致，主要与环境温度相关。为得到不同环境温度下加热电缆维持加热装置所需要的功率，并尽量减小光照等因素的影响，选取夜间加热过程数据，得到不同环境温度 T 下加热装置每米的加热功率 P，如图 5.37 所示。

从图中可以看出，随着环境温度的降低，电缆的加热功率有所升高。根据加热功率与环境温度之间的实测结果可以推测出，当环境温度为 0℃ 时，发热电缆仅需 62.57W/m 的加热功率就可以维持加热装置各位置的温度不变，而当加热装置位于水体当中时，其环境温度即为 0℃。因此，考虑渠道两侧均铺设加热装置，则仅需 125.14W/m 的加热功率即可满足渠道冬季的正常输水。

经现场应用论证表明，该电加热渠水融冰系统可有效融冰，加热功率为 125.14W/m 时即可溶解渠道水体中凝结的冰晶、岸冰、浮冰等。该电加热渠水融冰技术可完成延长渠道冬季输水时间 10d，保证环境温度在 −8℃ 以上时衬砌板不挂冰的任务要求。

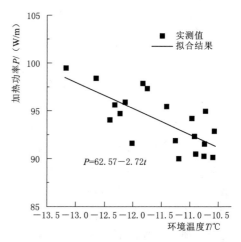

图 5.37 不同环境温度下发热电缆的加热功率

5.7.2 电加热渠水融冰技术的经济性评价

该电加热渠水融冰系统造价主要分为两部分：一部分是加热电缆与传热装置，其中加热电缆为 151 元/m，传热装置如果实际运用到渠道工程可以进行开模制造，其价格基本与材料价值相当，约 200 元/m；在渠道两侧均铺设加热装置，且参照现场试验布置形式，每边铺设两根加热电缆作为热源，则加热电缆与传热装置的造价为 1004 元/m；另一部分是电控系统，该集肤加热电缆一个电控系统即可对 20km 的加热电缆进行调控，控制系统每米的造价较小，可忽略不计。故本系统造价约为 1004 元/m。

现场试验结果表明，该集肤加热冬季输水系统仅需 3003.36 元/(km·d)［取电价 0.5 元/(kW·h)］的用电量消耗即可保证渠道的冬季输水，花费较低。

该电加热渠水融冰系统造价 1004 元/m，运行后花费 3003.36 元/(km·d) 即可保证渠道冬季的正常输水运行。该系统是经济可行的。

5.7.3 电加热渠水融冰技术的适用性评价

将该电加热渠水融冰系统铺设于渠道行水位或其他渠道易于结冰的关键位置，可有效融冰，防止冰盖形成，使渠道冬季无冰或冰水二相混合输水，完成延长渠道冬季输水时间 10d，保证温度在 −8℃ 以上时衬砌板不挂冰的设计任务要求。且该系统整体造价较低，运行后每日耗电量较少，同时整体系统较为稳定，维护费用较少，具有较好的经济性。

该电加热渠水融冰技术适用于解决高寒地区渠道工程冬季输水问题，可有效延长冬季输水时间，缓解水资源分布的不均匀，且该电加热渠水融冰系统适宜沿渠道长距离铺设，铺设距离越长经济性越好。

第 5 章彩图

第6章 结 论

本书依据立项初的研究内容开展了相关研究，包括长距离渠道低温输水水情冰情预报模型开发，轻质高强人工渠道保温盖板结构形式探索，低温无冰盖输水渠道断面设计，渠基地热利用技术（块石热棒）论证，太阳光热利用保温帘材料性能试验与效果验证，光热蓄集相变衬砌结构研究，渠基光热蓄集系统研究，渠系建筑物表面通电加热融冰系统研究论证。研究工作开展过程中，针对低温输水冰情模拟、低温输水渠道水力计算、光热模拟和导电加热系统等需要，开发了光照—低温环境模拟试验箱及渠道水流循环系统，用于对各类融冰措施进行室内试验的验证工作。

围绕以上工作，创新性提出用于长距离多渠段全耦合冰情预测的一维非恒定流模型，为稳定冰盖下输水调控提供理论依据。提出易输冰输沙的低温无冰盖输水渠道断面水力设计方法。建立考虑全天太阳辐射角的渠水紊流辐射传热三维数值模型，用以对光热蓄集技术措施进行整体效能和布置优化研究。建立盐溶液二阶相变传热模型，用以优选高效相变蓄热材料。

开发用于全渠段多系统耦合调度的冰情过程仿真软件，将理论模型转化为实用程序，具备工程应用前景。通过改进路基热棒技术，应用水汽两相转换传热机理，提出设置渠基内碎石抗滑排水桩作为地热利用的技术措施，使常规工程结构发挥了新的用途。在太阳光热利用方面，提出高吸热渠道铺浮帘技术，用于低温运行期对渠系建筑物周围水体进行辅热融冰，技术手段简单实用，易于铺设与回收。利用饱和乙酸钠溶液扰动相变释放大量潜热机理，开发建筑物表面极端低温工况下应急融冰附属结构。设计光热收集与地源热泵结合的综合结构，将地表太阳辐射所产生的热量输送储存到渠基土体内，调节渠道内部昼夜温差。设计研制包括光照、风、气温、导电加热和水流多因素耦合模拟试验系统，辅助进行相关技术的室内模型试验。

参 考 文 献

[1] BEHRANG M A, ASSAREH E, GHANBARZADEH A, et al. The potentialof different artificial neural network (ANN) techniques in dailyglobal solar radiation modeling based on meteorological data [J]. Solar Energy, 2010, 84 (8): 1468 - 1480.

[2] BELTAOS S. Flow through the voids of breakup ice jams [J]. Canadian Journal of Civil Engineering, 1999, 26 (2): 177 - 185.

[3] BELTAOS S. Numerical computation of river ice jams [J]. Canadian Journal of Civil Engineering, 1993, 20 (1): 88 - 89.

[4] CHOU Y L, SHENG Y, ZHU Y P. Study on the Relationship Between the Shallow Ground Temperature of Embankment and Solar Radiation in Permafrost Regions on Qinghai - Tibet Plateau [J]. Cold Regions Science and Technology, 2012, (78): 122 - 130.

[5] ERGUN S. Fluid flow through packed columns [J]. Chemical Engineering Progress, 1952, 48 (2): 89 - 94.

[6] FENG W J, MA W, LI D Q, et al. Application investigation of awning to roadway engineering on the Qinghai - Tibet Plaeau [J]. Cold Region Science and Technology, 2006, 45 (1): 51 - 58.

[7] GUO X L, YANG K L, FU H, et al. Simulation and Analysis of Ice Processes for an Artificial Open Channel [J]. Journal of Hydrodynamics, Ser. B, 2013, 25 (4): 542 - 549.

[8] HAN Y C, EASA S M. New and improved three and one - third parabolic channel and most efficient hydraulic section [J]. Canadian Journal of Civil Engineering, 2017, 44 (5): 387 - 91.

[9] HOCAOGLU F O. Stochastic approach for daily solar radiation modeling [J]. Solar Energy, 2011, 85 (2): 278 - 287.

[10] 贝尔. 多孔介质流体动力学 [M]. 李竞生, 陈崇希, 译. 北京: 中国建筑工业出版社, 1983.

[11] KOLDITZ O, JONGEJ D. Non - isothermal two - phase flow in low - permeable porous media [J]. Computational Mechanics, 2004, 33 (5): 345 - 364.

[12] LAI Y M, MA W D, XIA H M, et al. Experimental investigation on influence of boundary conditions on cooling effect and mechanism of Cruslied - Rock layers [J]. Cold Region Science and Technology, 2006, 45 (2): 114 - 121.

[13] LAI Y M, ZHANG L X, ZHANG S J, et al. Cooling effect of ripped - stone embankments on Qing - Tibet railway under climatic warming [J]. Chinese Science Bulletin, 2003, 48 (6): 598 - 604.

[14] LAL A M W , SHEN H T. A mathematical model for river ice processes [M]. CRREL Report 93 - 4, U. S. Army Corps of Engineers, 1993.

[15] MILLY P C D, EAGLESON P S. The coupled transport of water and heat in a vertical soil column under atmospheric excitation [J]. Massachusetts Institute of Technology, 2005.

[16] MOHAMMADI K, SHAMSHIRBAND S, ANISI M H, et al. Support vector regression based prediction of global solar radiation on a horizontal surface [J]. Energy Conversion and Management, 2015, 91: 433 - 441.

[17]　MOHANDES M A. Modeling global solar radiation using ParticleSwarm Optimization（PSO）[J]. Solar Energy, 2012, 86（11）: 3137－3145.

[18]　NIELD D A, BEJAN A. Convection in Porous Media（Second Edition）[M]. New York: Springer－Verlag, 1999

[19]　NIU F J, CHENG G D, XIA H M, et al. Experiment study on effects of Duct－Ventilated railway embankment on protecting the underlying permafrost [J]. Cold Region Science and Technology, 2006, 45（3）: 178－192.

[20]　PHILIP J R, DE V D A. Moisture movement in porous materirals under temperature gradien [J]. Eos Transactions American Geophysical Union, 1957, 38（2）: 222－232.

[21]　RUTQVIST J, BORGESSON L, CHIJIMATSU M, et al. Thermo－hydro－mechanics of partially saturated geologicalmedia: governing equations and formulation of four finite element models [J]. International Journal of Rock Mechanics&Mining Sciences, 2001, 38（38）: 105－127.

[22]　SANAVIA L, PESAVENTO F, SCHREFLER B A. Finite element analysis of non－isothermal multiphase geomaterials with application to strain localization simulation [J]. Computational Mechanics, 2006, 37（4）: 331－348.

[23]　SHE Y T, HICKS F. Ice jam release wave modeling: considering the effects of Ice in a receiving channel [C] //Proceedings on the 18th IAHR International Symposium on Ice, 2006, 125－132.

[24]　SHEN H T, CHEN Y C, WAKE A, Crissman R D. Lagrangian discrete parcel simulation of two dimensional river ice dynamics [J]. International Journal of Offshore and Polar Engineering, 1993, 3（4）: 328－332.

[25]　SHEN H T, WANG D S, LAL A. Numerical simulation of river ice processes [J]. Journal of Cold Regions Engineering, ASCE, 1995, 9（3）: 107－118.

[26]　WANG W, RUTQVIST J, GORKE U J, et al. Non－isothermal flow in low permeable porous media: a comparison of Richards' and two－phase flow approaches [J]. Environmental Earth Sciences, 2011, 62（6）: 1197－1207.

[27]　WEN Z, SHENG Y, MA W, et al. In situ experimental study on thermal protection effects of the insulation method on warm permafrost [J]. Cold Region Science and Technology, 2008, 53: 369－381.

[28]　ZHANG M Y, LAI Y M, LI S Y, et al. Laboratory investigation on cooling effect of sloped Cruslied－Rock revetment in permafrost regions [J]. Cold Region Science and Technology, 2006, 44: 27－35.

[29]　ZHANG S, TENG J, HE Z, et al. Importance of vapor flow in unsaturated freezing soil: A numerical study [J]. Cold Regions Science & Technology, 2016, 126: 1－9.

[30]　ZUFELT J E, ETTEMA R. Fully coupled model of ice－jam dynamics [J]. Journal of Cold Regions Engineering, ASCE, 2000, 14（1）: 24－41.

[31]　Г. М. 费里德曼. 冻土温度状况计算方法 [M]. 徐敩祖, 程国栋, 丁德文, 等, 译. 北京: 科学出版社, 1982.

[32]　安维东, 吴紫汪, 等. 冻土的温度水分应力及其相互作用 [M]. 兰州: 兰州大学出版社, 1990: 21－75.

[33]　安元, 王正中, 杨晓松, 等. 太阳辐射作用下冻结期衬砌渠道温度场分析 [J]. 西北农林科技大学学报（自然科学版）, 2013, 41（3）: 228－234.

[34]　蔡琳, 卢杜田. 水库防凌调度数学模型的研制与开发 [J]. 水利学报, 2002（6）: 67－71.

[35]　陈守义. 考虑入渗和蒸发影响的土坡稳定性分析法 [J]. 岩土力学, 1997（2）: 8－12.

[36]　陈文学, 刘之平, 吴一红, 等. 南水北调中线工程运行特性及控制方式研究 [J]. 南水北调与水

利科技，2009，6.

[37] 程国栋，赖远明，孙志忠，等. 碎石层的"热半导体"作用 [J]. 冰川冻土，2007，29 (1)：1-7.

[38] 范北林，张细兵，蔺秋生. 南水北调中线工程冰期输水冰情及措施研究 [J]. 南水北调与水利科技，2008，6 (1)：66-69.

[39] 付辉，杨开林，郭新蕾，等. 基于虚拟流动法的输水明渠冰情数值模拟 [J]. 南水北调与水利科技，2010，8 (4)：7-12.

[40] 高需生，靳国厚，吕斌秀. 南水北调中线工程输水冰情的初步分析 [J]. 水利学报，2003 (11)：96-101，106.

[41] 郭宽良，孔祥谦，陈善年. 计算传热学 [M]. 合肥：中国科学技术大学出版社，1988.

[42] 郭新蕾，杨开林，付辉，等. 冰情模型中不确定参数的影响特性分析 [J]. 水利学报，2013，44 (8)：909-914.

[43] 郭新蕾，杨开林，王涛，等. 南水北调中线工程冬季输水数值模拟 [J]. 水利学报，2011，42 (11)：29，1268-1276.

[44] 韩国库，许健，仇鹏，等. 新型渠道保温防渗材料导热性能试验研究 [J]. 中国水运 (下半月)，2018，18 (8)：169-170，193.

[45] 韩延成，初萍萍，梁梦媛，等. 高学平冰盖下梯形及抛物线形输水明渠正常水深显式迭代算法 [J]. 农业工程学报，2018，34 (14)：101-106.

[46] 韩延成，徐征和，高学平，等. 二分之五次方抛物线形明渠设计及提高水力特性效果 [J]. 农业工程学报，2017，33 (4)：131-136.

[47] 郝红升，邓云，李嘉，等. 冰盖生长和消融的实验研究与数值模拟 [J]. 水动力学研究与进展 A 辑，2009，24 (3)：374-380.

[48] 何平，程国栋，马巍，等. 块石通风性能试验研究 [J]. 岩土工程学报，2006，28 (6)：789-792.

[49] 何武全，宋清林，宋江涛，等. 抛物线形混凝土衬砌渠道标准化结构形式研究 [J]. 灌溉排水学报，2016，35 (5)：10-14.

[50] 胡田飞. 制冷与集热技术在寒区路基工程中的应用研究 [D]. 北京：北京交通大学，2018.

[51] 孔祥言，吴建兵. 多孔介质中的非达西自然对流的分岔研究 [J]. 力学学报，2002，34 (2)：177-185.

[52] 孔祥言. 高等渗流力学 [M]. 合肥：中国科学技术大学出版社，1999.

[53] 李茂芬，李玉萍，郭澎涛，等. 逐日太阳总辐射估算方法研究进展 [J]. 热带作物学报，2015，36 (9)：1726-1732.

[54] 李强，姚仰平，韩黎明，等. 土体的"锅盖效应"[J]. 工业建筑，2014，44 (2)：69-71.

[55] 李人宪. 有限体积法基础 [M]. 北京：国防工业出版社，2005.

[56] 李信，高骥，汪自力，等. 饱和-非饱和上的渗流王维计算 [J]. 水利学报，1992 (11)：63-68.

[57] 栗晓林，王红坚，邹少军，等. 动荷载作用下冻结砂土强度及破坏特性试验研究 [J]. 振动工程学报，2018，31 (6)：1068-1075.

[58] 栗晓林，王红坚，邹少军，等. 动荷载作用下冻结黏土破坏特性试验研究 [J]. 中南大学学报 (自然科学版)，2018，50 (3)：641-648.

[59] 练继建，赵新. 静动水冰厚生长消融全过程的辐射冰冻度-日法预测研究 [J]. 水利学报，2011，42 (11)：1261-1267.

[60] 刘雄，宁建国，马巍. 冻土地区水渠的温度场和应力场数值分析 [J]. 冰川冻土，2005 (6)：932-938.

[61] 刘之平，陈文学，吴一红. 南水北调中线工程输水方式及冰害防治研究 [J]. 中国水利，2008，11.

[62] 罗汀，陈含，姚仰平，等. 锅盖效应水分迁移规律分析 [J]. 工业建筑，2016 (9)：6-9.

[63] 茅泽育，吴剑疆，张磊，等. 天然河道冰塞演变发展的数值模拟 [J]. 水科学进展，2003，14 (6)：700-705.

[64] 茅泽育，许昕，王爱民，等. 基于适体坐标变换的二维河冰模型 [J]. 水科学进展，2008，19 (2)：214-223.

[65] 任志刚，胡曙光，丁庆军. 太阳辐射模型对钢管混凝土墩柱温度场的影响研究 [J]. 工程力学，2010，27 (4)：246-250.

[66] 宋二祥，罗爽，孔郁斐，等. 路基土体"锅盖效应"的数值模拟分析 [J]. 岩土力学，2017，38 (6)：1-8，1781-1788.

[67] 宋清林，何武全，李根，等. 混凝土衬砌渠道保温防冻胀技术研究 [J]. 灌溉排水学报，2015，34 (4)：43-48.

[68] 孙朋杰，陈正洪，成驰，等. 一种改进的太阳辐射 MOS 预报模型研究 [J]. 太阳能学报，2015，36 (12)：3048-3053.

[69] 陶文铨. 数值传热学 [M]. 2版. 西安：西安交通大学出版社，2001.

[70] 滕晖，邓云，黄奉斌，等. 水库静水结冰过程及冰盖热力变化的模拟试验研究 [J]. 水科学进展，2011，22 (5)：720-726.

[71] 滕继东，贺佐跃，张升，等. 非饱和土水气迁移与相变：两类"锅盖效应"的发生机理及数值再现 [J]. 岩土工程学报，2016，38 (10)：1813-1821.

[72] 王丰. 寒冷地区渠道冬季运行相关因素的分析 [J]. 水利科技与经济，2014，20 (7)：107-109.

[73] 王军，陈胖胖，江涛，等. 冰盖下冰塞堆积的数值模拟 [J]. 水利学报，2009，40 (3)：348-354.

[74] 王涛，杨开林，郭新蕾，等. 模糊理论和神经网络预报河流冰期水温的比较研究 [J]. 水利学报，2013，44 (7)：842-847.

[75] 王文杰，王正中，李爽，等. 季节冻土区衬砌渠道换填措施防冻胀数值模拟 [J]. 干旱地区农业研究，2013，31 (6)：83-89.

[76] 王正中，李甲林，陈涛，等. 弧底梯形渠道砼衬砌冻胀破坏的力学模型研究 [J]. 农业工程学报，2008，24 (1)：18-23.

[77] 王正中，芦琴，郭利霞. 考虑太阳热辐射的混凝土衬砌渠道冻胀数值模拟 [J]. 排灌机械工程学报，2010，28 (5)：455-460.

[78] 王正中. 梯形渠道砼衬砌冻胀破坏的力学模型研究 [J]. 农业工程学报，2004，20 (3)：24-29.

[79] 魏良琰，杨国录，殷瑞兰，等. 南水北调中线工程总干渠冰期输水计算分析 [R]. 武汉水利电力大学，长江科学院，1999.

[80] 吴宏伟，施群. 深基坑开挖中的应力路径 [J]. 土木工程学报，1999 (6)：53-58.

[81] 肖建民，金龙海，谢永刚，等. 寒区水库冰盖形成与消融机理分析 [J]. 水利学报，2004 (6)：80-85.

[82] 肖剑，张帆，苏东喜，等. 动水结冰与消融过程试验研究 [J]. 人民黄河，2018，40 (10)：29-35.

[83] 谢能刚，姜冬菊，王德信. 调水工程中小型水库的冬季水温分析——申同嘴水库水体结冰及温度计算 [J]. 西北水资源与水工程，2002 (4)：51-53.

[84] 徐学祖，王家澄，张立新. 冻土物理学 [M]. 北京：科学出版社，2001.

[85] 杨开林，王涛，郭新蕾，等. 南水北调中线冰期输水安全调度分析 [J]. 南水北调与水利科技，2011，9 (2)：1-4.

[86] 杨开林，郭新蕾，王涛，等. 中线工程冰期输水能力及冰害防治技术研究—专题五 [R]. 中国水利水电科学研究院，2010.

［87］ 杨开林，刘之平，李桂芬，等. 河道冰塞的模拟［J］. 水利水电技术，2002，33（10）：40-47.

［88］ 张爱军，王毓国，邢义川，等. 伊犁黄土总吸力和基质吸力土水特征曲线拟合模型［J］. 岩土工程学报，2018：1-10.

［89］ 张栋，银英姿，杨宏志. 混凝土衬砌渠道保温效果的研究［J］. 湖北农业科学，2017，56（4）：745-748.

［90］ 张素宁，田胜元. 太阳辐射逐时模型的建立［J］. 太阳能学报，1997（3）：38-42.

［91］ 赵波，李敬玮，孟川，等. 渠道保温材料保温性能演化规律的试验研究［J］. 中国水利水电科学研究院学报，2017，15（5）：354-359.

［92］ 赵镇南. 传热学［M］. 北京：高等教育出版社，2002.